草地保护技术

◎蔡思彤　靳　伟　朱林科　主编

中国农业科学技术出版社

图书在版编目（CIP）数据

草地保护技术 / 蔡思彤，靳伟，朱林科主编. 北京 ： 中国农业科学技术出版社，2024. 9. -- ISBN 978-7-5116-7066-3

Ⅰ. S812.6

中国国家版本馆 CIP 数据核字第 20248SR035 号

责任编辑 任玉晶
责任校对 马广洋
责任印制 姜义伟　王思文

出 版 者 中国农业科学技术出版社
北京市中关村南大街 12 号　邮编：100081
电　　话（010）82106641（编辑室）　（010）82106624（发行部）
（010）82109709（读者服务部）
网　　址 https：//castp.caas.cn
经 销 者 各地新华书店
印 刷 者 中煤（北京）印务有限公司
开　　本 185 mm × 260 mm　1/16
印　　张 14
字　　数 307 千字
版　　次 2024 年 9 月第 1 版　2024 年 9 月第 1 次印刷
定　　价 42.00 元

编委会

主　编

蔡思彤　青海农牧科技职业学院

靳　伟　青海农牧科技职业学院

朱林科　湟源县林业草原局

副主编

杨晓龙　青海农牧科技职业学院

马小雯　青海农牧科技职业学院

张东杰　青海农牧科技职业学院

参　编

周雪平　青海农牧科技职业学院

郑艳霞　青海农牧科技职业学院

任钊江　青海农牧科技职业学院

刘　慧　青海农牧科技职业学院

马金玉　互助县农业农村和科技局

张　晨　贵南县林业站

张丽芳　青海农牧科技职业学院

徐少南　青海农牧科技职业学院

王晓蒙　青海农牧科技职业学院

向泽宇　江西省中国科学院庐山植物园（碳中和与生态系统碳汇江西省重点实验室）

内容简介

本教材根据高等职业教育培养高技能人才目标要求编写，是高职高专院校草业技术专业核心课程的教材。本教材为任务式活页教材，将学习任务与活页的特点相结合，为学生提供了更加灵活、互动和个性化的学习体验，全书以具体的学习任务为核心，引导学生通过完成任务来掌握知识和技能。采用活页的形式，便于学生自由组合和整理教材内容，使学习更加灵活和自主。学生可以根据自己的学习进度和需求，选择和安排任务的顺序，实现个性化学习。内容可更新和补充使教材能够及时反映最新的知识和教学要求。配备了相应的评价体系，帮助学生和教师了解学习效果。本教材的编写强调学生的主体地位，鼓励学生积极参与学习过程，培养学生解决问题和实际应用的能力，适应了不同学生的学习风格和需求。教材共分为 9 个项目共 26 个任务。主要内容涉及草地病、虫、鼠、毒杂草的形态特征、分布范围、发生规律及防治方法，可为今后从事草地有害生物防治等工作打下坚实基础。本教材适用于高等职业教育草业技术等相关专业的学生，也可供中等职业学校和成人教育院校相关专业人员参考。

前言

根据相关专业对人才培养的要求，按照草地病虫草鼠害调查、诊断与防治技术特点，编写小组参考了有关草地保护方面的教材，查阅了大量有关草地保护的科学研究文献，通过市场调查和与企业、行业专家，生产一线技术人员进行充分的座谈、交流和论证，组织编写了《草地保护技术》活页式教材。本教材以任务为导向，以青藏高原草地有害生物调查与防治为依据，以市场就业为导向，以职业能力培养为重点，进行具有针对性、具体性、实用性的实践教学设计，科学划分并细化岗位实训环节，保证教材内容的先进性、针对性、实用性，强化了学生的综合实践能力。

在本书的创作过程中，借鉴并引用了诸多专家学者的著作内容，他们的专业知识和经验为本书增添了深度和广度，使其成为一部更具价值的作品。特别感谢他们在草地保护专业领域的独到见解和建议，本书的内容因此更加准确和可靠。在此，我要向每一位参与本书创作的专家表达最真挚的感谢和敬意。没有他们的支持与贡献，这本书不可能达到现在的水平。我将永远铭记他们的帮助，并希望本书能对读者有所裨益。

由于编者学识有限，不妥或疏漏在所难免，敬请读者批评指正，以便于进一步修正。

编　者

2024 年 9 月

目 录

项目一 识别牧草常见病害病原

项目导读

牧草在生长发育过程中，由于受到病原生物的侵染或不良的非生物环境因素的影响，发生一系列病理变化，致使植物生理功能失调，外部形态不正常，生长发育受限，导致产量下降、品质变劣，甚至出现死亡或生态环境遭到破坏的现象称为牧草病害。在一定的时间和空间范围内病害在植物群体大量发生，造成不同程度损失的过程和现象称为牧草病害流行。

相关标准

青海省草原有害生物危害等级划分

【知识目标】

1. 掌握牧草病害的识别技术。
2. 了解牧草病害的症状类型。
3. 了解牧草致病性病原物的形态特征，为牧草病害防治打下基础。

【技能目标】

1. 能根据牧草病害发生情况及生态类型选择正确的调查方法。

2. 能够根据牧草受害的状况，初步诊断牧草病害病原物类型。

3. 掌握不同牧草病害调查数据的记录。

【素质目标】

1. 树立牧草种质资源安全意识。熟知野外工作安全常识，能保障个人人身安全。

2. 遵守野外工作纪律，能恰当有效地利用时间，有效地计划并实施，按时完成各项任务。

3. 主动承担工作任务及责任，尊重他人及其意见，遵从集体决策，遵守各种行为规范和操作规范。

4. 树立严谨求实的科学态度。

【思政目标】

1. 热爱所学专业，有较强的学习积极性和主动性，学习态度认真。

2. 懂农牧业、爱农牧民、爱农村牧区，做农牧人、干农牧事，增强投身“三农”的自豪感。

3. 具有团队协作意识，勤于思考，善于分析比较。

4. 能尊重自然、爱护自然，践行人与自然和谐、绿色发展理念，成为具有生态理念、生态情怀和生态技能的生态文明建设者。

任务一　观察牧草常见病害症状

任务导入

观察牧草病害症状是学习草业技术最基础的工作之一，也是最基本的技能，通过牧草病害症状的观察，学生能够认识牧草病害的症状类型，能够描述牧草病害的症状特点，为牧草病害的田间诊断奠定基础。植物感病以后，一切不正常的外部表现称为病害症状，症状通常是指植物体出现的病状和病征，这里的病征是指病原物在植物发病部位表现的结构，比如粉状物、锈状物等，而病状则是感病植物本身所表现的不正常状态，观察时要注意区分。

任务工单

班级：________　姓名：________　学号：________

任务名称	观察牧草常见病害症状
任务描述	根据实际情况，填写本任务的内容、目的、流程和方法。 任务内容：________________。 任务目的：________________。 任务流程：________________。 任务方法：________________。
获取信息	要完成任务，需要掌握相关的知识。请收集资料，回答以下问题。 1. 牧草病害的概念是什么？ 2. 牧草病害的病状类型有哪些？ 3. 牧草病害的病征类型有哪些？ 4. 为什么一种病害可以表现出不同的症状？
制订计划	

（续表）

<table>
<tr><td rowspan="6">任务实施</td><td colspan="6">按照预先制订的工作计划，完成本任务，并记录任务实施过程。</td></tr>
<tr><td>序号</td><td colspan="2">完成的任务</td><td>遇到的问题</td><td colspan="2">解决办法</td></tr>
<tr><td></td><td colspan="2"></td><td></td><td colspan="2"></td></tr>
<tr><td></td><td colspan="2"></td><td></td><td colspan="2"></td></tr>
<tr><td></td><td colspan="2"></td><td></td><td colspan="2"></td></tr>
<tr><td></td><td colspan="2"></td><td></td><td colspan="2"></td></tr>
<tr><td rowspan="13">任务评价</td><td colspan="6">评价表</td></tr>
<tr><td>项目</td><td>评价内容</td><td>分值</td><td>自评</td><td>互评</td><td>师评</td></tr>
<tr><td rowspan="6">知识技能</td><td>病害概念</td><td>10</td><td></td><td></td><td></td></tr>
<tr><td>病害原因</td><td>10</td><td></td><td></td><td></td></tr>
<tr><td>病害类型</td><td>10</td><td></td><td></td><td></td></tr>
<tr><td>病害表现</td><td>10</td><td></td><td></td><td></td></tr>
<tr><td>观察方法</td><td>10</td><td></td><td></td><td></td></tr>
<tr><td>识别与初步诊断</td><td>10</td><td></td><td></td><td></td></tr>
<tr><td>任务进度</td><td>特征识别与描述</td><td>10</td><td></td><td></td><td></td></tr>
<tr><td>任务质量</td><td>症状识别准确度</td><td>10</td><td></td><td></td><td></td></tr>
<tr><td>素养表现</td><td>科学、安全操作</td><td>10</td><td></td><td></td><td></td></tr>
<tr><td>思政表现</td><td>协作能力，互助热情</td><td>10</td><td></td><td></td><td></td></tr>
</table>

任务准备

一、知识准备

1. 牧草病害

牧草在生长发育过程中，由于受到生物和不良环境因素的影响，在生理、细胞和组织结构上发生一系列病理变化的过程，致使生理功能失调，外部形态不正常，生长发育受到显著影响，引起产量下降、品质变劣，严重的出现死亡或生态环境遭到破坏，这种现象称为牧草病害。

2. 牧草病害的病原

引起牧草发病的原因统称为“病原”，根据病原性质可分为生物性病原和非生物性病原。

3. 牧草病害发生的条件

（1）寄主即在侵染性病害中，受侵染的牧草。

（2）病原物即侵染牧草使其生病的生物。

（3）环境条件，指不利于牧草生长的环境条件，包括土壤条件和气象条件。牧草病害是寄主、病原物和环境条件三者相互作用的结果。因此，牧草病害的条件是病原、牧草和环境条件通常称为“病害三要素”或“病害三角”。在草地自然生态系统中，三者之间存在着复杂的辩证关系，共同制约着病害的发生和发展。由于放牧等人为干预对植物病害的发生起到一定的影响作用，因此也可以认为是“病害四角”，即人为干预为第四要素。

4. 牧草病害的分类

牧草侵染性病害包括真菌性病害和细菌性病害，其中真菌性病害占主要部分，占病害的90%。所有牧草病害均有病状，表现为牧草的异常生长或叶、茎、花、穗、果等器官的变色、斑点、坏死、腐烂等。真菌性病害也不例外，而且通常可见病征，即病原真菌本身。病征是鉴定病害最可靠的依据，而病状没有特异性。真菌性病害的典型病征为粉状物（白粉病的无性孢子、锈病的夏孢子堆和冬孢子堆）、霉状物（各类各色霉层）、颗粒状物（分生孢子器、菌核等）。主要的常见真菌性病害有：苜蓿霜霉病、苜蓿黑茎病、苜蓿锈病、猫尾草霜霉病、猫尾草长蠕孢叶斑病、草木樨夏季黑茎病、草木樨白粉病、红豆草匍柄霉轮纹病、老芒麦秆锈病、矮柱花草炭疽病、苏丹草云纹病、赖草香柱病。而牧草细菌性病害的病征主要为菌脓、菌溢、菌痂，病状为萎蔫、叶斑等。牧草病毒病害无明显病征，病状为花叶、矮化、黄化等。寄生性种子植物的病征即寄生性种子植物本身，病状为寄主植物生长不良，叶片变黄。牧草非侵染性病害（生理性病害）主要有缺素症、沤根、冻害等。

二、材料工具及教学场所准备

1. 仪器及用具

解剖镜、放大镜、显微镜、镊子、挂图、教学多媒体课件（包括幻灯片、录像带、光盘等影像资料）及记载用具等。

2. 实验材料

各种牧草病害症状类型的病害标本：牧草锈病（包括苜蓿锈病等豆科牧草锈病）、沙打旺白粉病、红豆草匍柄霉轮纹病、矮柱花草炭疽病、苏丹草云纹病、赖草香柱病、老芒麦秆锈病、玉米大斑病、牧草根腐病、牧草黄矮病等，以及新鲜标本。

3. 教学场所

教学场所选择教学实训场所（温室或田间）或实验室。

三、人员准备

人员分组，每组5人，每20名学生配备一位指导教师，明确职责分工。

任务角色	任务内容
组长：	任务：
组员1：	任务：

（续表）

任务角色	任务内容
组员 2：	任务：
组员 3：	任务：
组员 4：	任务：

任务筹划

一、内容筹划

1. 牧草病害症状定义

牧草病害症状是指牧草在生长发育过程中，由于病原生物的侵染或外界环境条件不适宜等因素，导致其新陈代谢紊乱、生理或生物化学过程发生变化，从而在外部形态和解剖结构上表现出的病态现象。这些病态现象是牧草病害诊断和防治的重要依据，通过仔细观察和记录症状特征信息，有助于及时准确地识别病害并采取相应的防控措施。

在进行牧草病害观察时，应详细记录症状的类型、发生部位、颜色、形状、大小等特征信息，以便后续的诊断和防治工作。同时，还应注意区分病害症状与机械损伤等非病害因素造成的异常现象。

2. 牧草的病害类型及其划分方法

牧草病害分为由非生物因素致病的非侵染性病害，以及由生物因素致病的侵染性病害。

（1）侵染性病害（又称生物性病害或传染性病害）：侵染性病害是由病原生物（如真菌、细菌、病毒、线虫、寄生性种子植物等）侵染引起的病害。这类病害在适宜条件下，可在植株间传染蔓延，甚至造成流行。根据病原生物的种类不同，又可细分为以下 5 种。

真菌病害：由真菌引起的病害，症状常表现为病株上有黑粉、白粉、水浸、腐烂、干枯、锈斑等。例如，苜蓿的褐斑病、黄斑病，禾本科牧草黑穗病、锈病、黑粉病等。

细菌病害：由细菌引起的病害，症状常表现为牧草导管组织变褐至软腐萎蔫，组织呈水浸状。例如，苜蓿枯萎病、沙打旺根腐病等。

病毒病害：由病毒引起的病害，症状常表现为病株矮小、扭曲，叶色失常、萎垂或干枯，有褐斑，根肿大腐烂等。例如，苜蓿花叶病、三叶草伤瘤病等。

线虫病害：由线虫引起的病害，症状因线虫种类和侵染部位而异，常表现为植物根系受损、生长受阻等。

寄生性种子植物病害：由寄生性种子植物缠绕牧草并吸取其汁液造成的病害。例如，菟丝子、列当等。

（2）非侵染性病害（又称非生物性病害或生理性病害）：是由各种不良的物理或化学等非生物因素引起的病害。这类病害只局限于受害植物本身，在植株间不会相互传染。非侵染性病害的病原包括水分过多或过少、土壤中盐分过多、过酸或过碱、温度过高或过低、光照过强或过弱、营养缺乏或不均衡、污染环境的有毒物质或气体、栽培管理不当等因素。例如，低温冻害、高温干旱、环境污染、养分失调等都可能引起牧草的非侵染性病害。

3. 牧草病害的病征类型

牧草病害的病征类型主要是指在牧草感染病害后，病原物在病组织表面或内部形成的具有明显特征的繁殖体或营养体结构。这些病征对于病害的诊断和识别具有重要意义。牧草病害中常见的病征类型有以下 5 种。

霉状物：由真菌的菌丝体、孢子梗和孢子组成，常表现为各种颜色的霉层，如灰霉、青霉、赤霉、霜霉等。霉层的颜色、形状、结构和疏密程度因真菌种类和侵染条件而异。

粉状物：由真菌的孢子密集在一起形成，如白粉、黑粉等。这些粉状物是某些真菌病害（如白粉病、黑粉病）的典型特征。

锈状物（铁锈状物）：由病原真菌中的锈菌的孢子在病部密集形成的黄褐色锈状物。锈状物是锈菌类病害（如叶锈病、条锈病）的显著特征。

粒状物（点状物）：病原真菌在病部产生的黑色、褐色或灰色的小颗粒或点状物，如子囊壳、分生孢子器、分生孢子盘、菌核等。这些粒状物多为真菌的繁殖体或休眠结构。

线状物（丝状物）：病原真菌的菌丝体互相纠结在一起形成的线状结构，或菌丝体和繁殖体的混合物。在某些病害中，如白绢病，线状物是病征的主要表现形式。

不同牧草病害可能表现出相似的病征类型，因此在诊断时需要综合考虑症状、病原、环境条件等多种因素。此外，随着病原菌的变异和病害的发展，新的病征类型也可能出现。因此，对于牧草病害的监测和诊断需要保持持续关注和更新知识。

二、方法筹划

1. 肉眼观察法

用肉眼观察各类植物病害标本，并根据观察结果，描述病害症状特点。

2. 放大镜观察法

用放大镜观察各类植物病害标本，并根据观察结果，描述病害症状特点。

3. 显微镜观察法

用显微镜观察各类植物病害标本，并根据观察结果，描述病害症状特点。

三、流程筹划

用肉眼、放大镜或显微镜观察各类牧草病害的标本，根据症状的特点，描述病害症状。

1. 观察病状类型及其特点

变色：一般是病毒病的病状；

坏死：一般是各类叶斑病的病状；

腐烂：一般是各类根腐病的病状；

萎蔫：一般是牧草根部或茎部维管束受病原菌侵染，发生病变，水分吸收和输导受阻，引起叶片枯黄、萎凋；

畸形：包括从枝、矮化、徒长、肿瘤、叶片畸形。

2. 观察病征类型及其特点

常见病征有：絮状物，如腐霉病；霉状物，有青霉、灰霉、赤霉、霜霉等，主要由真菌的菌丝体和孢子梗组成，如霜霉病；粉状物，如白粉病；锈状物，如锈病、白锈病；点粒状物，如白粉病的有性阶段闭囊壳、菌核；脓状物，如细菌性病害。

3. 牧草病害的描述与记载

根据发病部位、病斑大小、病斑颜色等信息，做好牧草病害症状描述和记载。采集的牧草病害标本要压制成蜡叶标本，并注明寄主、病害名、病原、采集时间、采集地点、采集人等。

任务实施

步骤一：

步骤二：

步骤三：

步骤四：

步骤五：

步骤六：

步骤七：

任务评价

工作任务完成过程评价表

班级：________ 组别：________ 姓名：________

项目	评分标准	自我评价	小组评价	教师评价
标本观察（30分）	非侵染性病害症状观察（10分）			
	侵染性病害病状观察（10分）			
	侵染性病害病征观察（10分）			

（续表）

项目	评分标准	自我评价	小组评价	教师评价
病原切片染色与鉴定（30分）	标本采集（5分）			
	标本压制（10分）			
	标本的整理与鉴定（15分）			
活动完成过程（30分）	严格按照实验要求执行（6分）			
	结果有记录（6分）			
	实验中做到严谨、规范、实事求是（6分）			
	结果准确（6分）			
	分工协作，团结互助（6分）			
活动效果（10分）	正确判定症状类型，能区分侵染性与非侵染性病害；标本制作完整			
合计				
自我评价与总结				
教师点评				

任务二　观察病原真菌营养体及特殊结构

任务导入

观察牧草病害病原真菌营养体及特殊结构是研究真菌的最基本技能，通过真菌形态的观察，可以直观地识别真菌，了解致病菌特征后可初判致病原因，结合牧草病害的症状特点，为牧草病害诊断提供科学依据。

任务工单

班级：＿＿＿＿＿＿＿＿　姓名：＿＿＿＿＿＿＿＿　学号：＿＿＿＿＿＿＿＿

任务名称	观察病原真菌营养体及特殊结构
任务描述	根据实际情况，填写本任务的内容、目的、流程和方法。 任务内容：＿＿＿＿＿＿＿＿＿＿＿＿＿＿＿＿＿＿＿＿＿＿＿＿＿＿。 任务目的：＿＿＿＿＿＿＿＿＿＿＿＿＿＿＿＿＿＿＿＿＿＿＿＿＿＿。 任务流程：＿＿＿＿＿＿＿＿＿＿＿＿＿＿＿＿＿＿＿＿＿＿＿＿＿＿。 任务方法：＿＿＿＿＿＿＿＿＿＿＿＿＿＿＿＿＿＿＿＿＿＿＿＿＿＿。
获取信息	要完成任务，需要掌握相关的知识。请收集资料，回答以下问题。 1. 病原真菌的概念是什么？ 2. 营养体的形态有哪些？ 3. 什么是菌丝体？形态如何？ 4. 真菌繁殖方式有哪些？可以观察到吗？

（续表）

<table>
<tr><td>制订计划</td><td colspan="6"></td></tr>
<tr><td rowspan="6">任务实施</td><td colspan="6">按照预先制订的工作计划，完成本任务，并记录任务实施过程。</td></tr>
<tr><td>序号</td><td>完成的任务</td><td colspan="2">遇到的问题</td><td colspan="2">解决办法</td></tr>
<tr><td></td><td></td><td colspan="2"></td><td colspan="2"></td></tr>
<tr><td></td><td></td><td colspan="2"></td><td colspan="2"></td></tr>
<tr><td></td><td></td><td colspan="2"></td><td colspan="2"></td></tr>
<tr><td></td><td></td><td colspan="2"></td><td colspan="2"></td></tr>
<tr><td rowspan="13">任务评价</td><td colspan="6">评价表</td></tr>
<tr><td>项目</td><td>评价内容</td><td>分值</td><td>自评</td><td>互评</td><td>师评</td></tr>
<tr><td rowspan="6">知识技能</td><td>病原真菌</td><td>10</td><td></td><td></td><td></td></tr>
<tr><td>营养体</td><td>10</td><td></td><td></td><td></td></tr>
<tr><td>菌丝体</td><td>10</td><td></td><td></td><td></td></tr>
<tr><td>繁殖方式</td><td>10</td><td></td><td></td><td></td></tr>
<tr><td>观察方法</td><td>10</td><td></td><td></td><td></td></tr>
<tr><td>如何记录</td><td>10</td><td></td><td></td><td></td></tr>
<tr><td>任务进度</td><td>画图是否规范</td><td>10</td><td></td><td></td><td></td></tr>
<tr><td>任务质量</td><td>作业与模式图或实物图相似度</td><td>10</td><td></td><td></td><td></td></tr>
<tr><td>素养表现</td><td>正确、安全使用显微镜</td><td>10</td><td></td><td></td><td></td></tr>
<tr><td>思政表现</td><td>按步骤操作和画图</td><td>10</td><td></td><td></td><td></td></tr>
</table>

任务准备

一、知识准备

1. 病原菌物

菌物（fungus）包括真菌和假菌，真菌依然是菌物的主体，因而菌物的一般特性仍以真菌为主来介绍。菌物是一类营养体通常为丝状体，具有细胞壁，以吸收为营养方式，通过产生孢子进行繁殖的真核微生物。在草地植物病害中，由菌物引起的病害数量最多，危害最大，如常见的锈病、白粉病、黑粉病及多种饲用植物上的霜霉病、降低草地利用年限的蘑菇圈等都是生产上的重要病害，不仅降低牧草的产量和品质，影响草地利用年限，而且菌物产生的毒素可引起家畜中毒，降低家畜繁殖能力。

2. 营养体及特殊结构

（1）菌丝和菌丝体：是真核菌类的丝状营养体，单根丝状体称为菌丝（hypha），相互交织成的菌丝集合体称为菌丝体（mycelium）。高等菌物的菌丝有隔膜（septum），低等菌物的菌丝无隔膜（图 1-2-1），如卵菌营养体为无隔菌丝。根肿菌无菌丝体。

（2）原生质团（plasmodium）：有些菌物的营养体为一团多核、无细胞壁的原生质团，如根肿菌。

（3）营养体的变态结构：菌丝体可以形成疏丝和拟薄壁两种菌组织，由菌组织进一步发育成菌核、菌索、子座等特殊结构。这些结构在真菌传播和抵抗不良环境等方面发挥着重要的作用。

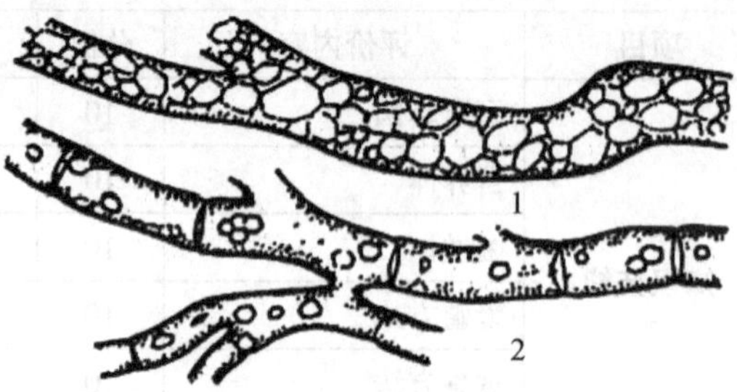

图1-2-1　菌物的营养体(仿方中达等)

1. 无隔菌丝　2. 有隔菌丝

①菌核（sclerotium）：是由菌组织构成的颗粒状营养体变态结构。主要功能是休眠，萌发时产生菌丝，也可形成子实体。

②菌索（rhizomorph）：是由菌组织形成的绳索状结构。主要功能是休眠，萌发时产生菌丝。菌索在引起草地蘑菇圈的高等担子菌中最为常见。

③子座 (stroma): 是由菌组织形成的垫状结构，有时还混有部分寄主组织，称作假子座 (pseudostroma)。子座的功能主要是形成产孢结构，同时具备提供营养和抵抗不良环境的能力。

二、材料工具及教学场所准备

1. 仪器及用具

解剖镜、放大镜、显微镜、镊子、挂图、教学多媒体课件（包括幻灯片、录像带、光盘等影像资料）及记载用具等。

2. 实验材料

各种牧草病害症状类型的病原真菌标本：马铃薯晚疫病菌（*Phytophthora infestans*）、瓜果腐霉病菌（*Pythium aphanidermatum*）、立枯丝核菌（*Rhizoctonia solani*），各种病原真菌在平面和斜面培养基上形成的菌落，注意菌落大小、形状、厚薄、质地、颜色等形态特点。菌丝组织体：菌核、子座、根状菌索。菌丝体上分化出的吸收养分组织：吸器、假根、附着胞、菌环和菌网。真菌的繁殖体——孢子：无性孢子、有性孢子。

3. 教学场所

教学场所选择教学实训场所（温室或田间）或实验室。

三、人员准备

人员分组，每组 5 人，每 20 名学生配备一位指导教师，明确职责分工。

任务角色	任务内容
组长：	任务：
组员 1：	任务：
组员 2：	任务：
组员 3：	任务：
组员 4：	任务：

任务筹划

一、内容筹划

（1）学习掌握牧草病原菌真菌及其分类、形态与结构、培养特性及致病性。真菌是真核细胞型微生物，细胞结构完整，具有典型细胞器。菌丝和孢子是鉴别真菌的重要标志。大多数致病性真菌属于有隔菌丝，无性孢子。

（2）学习掌握牧草病原营养体类型定义及特殊结构。绝大多数真菌的营养体都是可分枝的丝状体，单根丝状体称为菌丝（hypha）。许多菌丝在一起统称为菌丝体（mycelium）。菌丝体在基质上生长的形态称为菌落（colony）。菌丝在显微镜下观察时呈管状，具有细胞壁和细胞质，无色或有色。菌丝可无限生长，但直径是有限的，一般为 2~30 μm，最大的可达 100 μm。此外，少数真菌的营养体不是丝状体，而是无细胞壁且形状可变的原质团（plasmodium）或具细胞壁的、卵圆形的单细胞。寄生在植物上的真菌往往以菌丝体在寄主的细胞间或穿过细胞扩展蔓延。

（3）学习掌握牧草病原观察和记录方法。利用显微镜、放大镜等观察，按照显微镜操作步骤进行。用铅笔刻画显微镜观察到的实物，简单清晰记录。

二、方法筹划

观察病原真菌营养体及特殊结构的方法主要包括显微镜检验法、氢氧化钾湿片检查法、乳酸酚棉蓝染色浸片观察法等。

1. 显微镜检验法

显微镜检验法是观察真菌营养体及其特殊结构的主要手段，通过使用显微镜高倍视野下观察真菌孢子和菌丝，了解真菌的一般形态、营养体和繁殖体的构造特点。实验内容包括真菌的营养体（如无隔菌丝、有隔菌丝、菌索、菌核、子座）和真菌的繁殖体（无性繁殖体和有性繁殖体）。

2. 氢氧化钾湿片检查法

氢氧化钾湿片检查法涉及取根茎叶花果等病损部位的组织标本，置于载玻片上，滴加10%~20%氢氧化钾溶液，然后加盖玻片并微微加热，使标本组织溶解透明，在显微镜高倍视野下观察真菌孢子和菌丝。

3. 乳酸酚棉蓝染色浸片观察法

乳酸酚棉蓝染色浸片观察法是在载玻片上滴加乳酸酚棉蓝染液，用解剖针挑取少量真菌菌丝置于染液滴上，用细胞解剖针将菌丝分散，盖上盖玻片，用低倍镜或高倍镜镜检。这种方法由于乳酸酚棉蓝染液具有杀菌防腐作用，能保持较长时间，使真菌菌丝不易收缩变形，孢子不易飞散，浸片不易干燥。

三、流程筹划

1. 用显微镜观察各类牧草病原标本，根据症状的特点，描述病害症状

以褐斑病为例。褐斑病的病原菌为立枯丝核菌，是所有草坪病害中分布最广的病害之一，能够侵染所有已知的草坪草，致使草坪大面积枯死。症状识别方法如下。

（1）染病的草坪出现大小不等的枯草圈，圈中央仍为绿色，边缘呈黄色环带，呈现“蛙眼状”。

（2）在有露水或空气湿度大的情况下，枯草圈的外缘常出现由病菌菌丝形成的“烟圈”，叶片干燥时，烟圈消失。

（3）病斑呈梭形，边缘红褐色，中心灰白色。

2. 观察并掌握各种病害标本的病状类型及特点

观察病原菌物中真菌和假真菌，及其引起的病害，如常见的锈病、白粉病、黑粉病及多种饲用植物上的霜霉病。观察营养体及特殊结构，菌丝和菌丝体，原生质团，营养体的变态结构，菌核、菌索、子座等特殊结构，以及菌核、菌索形成的各种结构。还包括病原原核生物、病毒、病原线虫的形态观察。

3. 牧草病原的描述与记载

根据观察到的病原形态、大小、颜色、特征等信息，做好牧草病原描述和记载。尝试将采集的牧草病原压制成标本，并注明寄主、病害名、病原、采集时间、采集地点、采集人等信息。

任务实施

步骤一：

步骤二：
步骤三：
步骤四：
步骤五：
步骤六：
步骤七：

任务评价

工作任务完成过程评价表

班级：＿＿＿＿＿＿＿＿　组别：＿＿＿＿＿＿＿＿　姓名：＿＿＿＿＿＿＿＿

项目	评分标准	自我评价	小组评价	教师评价
标本观察（30分）	显微镜实验步骤合理（10分）			
	得到观察结果（10分）			
	操作安全（10分）			
标本制作（30分）	制作过程规范（10分）			
	制作结果清晰（10分）			
	保存标记全面（10分）			
活动完成过程（30分）	能够根据工作任务资料，分析并制订工作计划（5分）			
	认真思考，积极动手，动脑（5分）			
	积极参与小组合作与交流，配合默契，互帮互助（5分）			
	通过小组讨论与再学习完成工作任务（5分）			
	具有认真严谨的科学态度（10分）			
活动效果（10分）	整体的效果（很好为10分；较好为7~9分；一般为3~6分；较差为0~2分）			
合计				
自我评价与总结				
教师点评				

任务三　制作病害病原物培养基

任务导入

培养基是由不同的营养物质组合配制而成的一种营养基质，它为微生物、植物或动物组织提供了生长和繁殖所需的营养物质。这些成分通常包括碳水化合物、含氮物质、无机盐（包括微量元素）、维生素和水等。培养基不仅是细胞获取营养的关键，也构成了细胞生长和繁殖的生态环境。为了确保细胞的健康生长，培养基在配制后需要调整 pH 值和灭菌，以防止污染或变质。

培养基可以根据用途分为多种类别，如细菌培养基、放线菌培养基、酵母菌培养基、真菌培养基等，并且可以选择性地设计培养基以满足特定微生物的需求，培养基的制作是病害病原研究的重要基础工作。

任务工单

班级:____________　姓名:____________　学号:____________

任务名称	制作病害病原物培养基
任务描述	根据实际情况，填写本任务的内容、目的、流程和方法。 任务内容:________________________________ ________________________________。 任务目的:________________________________ ________________________________。 任务流程:________________________________ ________________________________。 任务方法:________________________________ ________________________________。
获取信息	要完成任务，需要掌握相关的知识。请收集资料，回答以下问题。 1. 培养基的概念是什么？ 2. 培养基原料有哪些？ 3. 制作培养基需要哪些设备？ 4. 制作培养基的安全流程是什么？

（续表）

<table>
<tr><td>制订计划</td><td></td></tr>
<tr><td>任务实施</td><td>按照预先制订的工作计划，完成本任务，并记录任务实施过程。
<table>
<tr><th>序号</th><th>完成的任务</th><th>遇到的问题</th><th>解决办法</th></tr>
<tr><td></td><td></td><td></td><td></td></tr>
<tr><td></td><td></td><td></td><td></td></tr>
<tr><td></td><td></td><td></td><td></td></tr>
<tr><td></td><td></td><td></td><td></td></tr>
</table></td></tr>
<tr><td>任务评价</td><td>
<table>
<tr><th colspan="6">评价表</th></tr>
<tr><th>项目</th><th>评价内容</th><th>分值</th><th>自评</th><th>互评</th><th>师评</th></tr>
<tr><td rowspan="6">知识技能</td><td>培养基</td><td>10</td><td></td><td></td><td></td></tr>
<tr><td>pH</td><td>10</td><td></td><td></td><td></td></tr>
<tr><td>原料</td><td>10</td><td></td><td></td><td></td></tr>
<tr><td>高压灭菌</td><td>10</td><td></td><td></td><td></td></tr>
<tr><td>安全操作</td><td>10</td><td></td><td></td><td></td></tr>
<tr><td>规范记录</td><td>10</td><td></td><td></td><td></td></tr>
<tr><td>任务进度</td><td>提前完成 10 分；正常完成 7~9 分；超时完成 3~6 分；未完成 0~2 分</td><td>10</td><td></td><td></td><td></td></tr>
<tr><td>任务质量</td><td>整体效果很好为 10 分；较好为 7~9 分；一般为 3~6 分；较差为 0~2 分</td><td>10</td><td></td><td></td><td></td></tr>
<tr><td>素养表现</td><td>严谨操作，互相协作</td><td>10</td><td></td><td></td><td></td></tr>
<tr><td>思政表现</td><td>安全操作，步骤严格</td><td>10</td><td></td><td></td><td></td></tr>
</table></td></tr>
</table>

任务准备

一、知识准备

常见的培养基有 8 种：硫乙醇酸盐流体培养基、胰酪大豆胨液体培养基、中和或灭活用培养基、0.5% 葡萄糖肉汤培养基、胰酪大豆胨琼脂培养基、沙氏葡萄糖液体培养基、沙氏葡萄糖琼脂培养基、马铃薯葡萄糖琼脂培养基。

1. 硫乙醇酸盐流体培养基制备方法

配方：胰酪胨 15.0 g、酵母浸出粉 5.0 g、葡萄糖 / 无水葡萄糖 5.5 g/5.0 g、氯化钠 2.5 g、L- 胱氨酸 0.5 g、新配制的 0.1% 刃天青溶液 1.0 mL、硫乙醇酸钠 0.5 g（或硫乙醇酸 0.3 mL）、琼脂 0.75 g、水 1 000 mL。

除葡萄糖和刃天青溶液外，取上述成分混合，微温溶解，调节 pH 为弱碱性，煮沸，滤清，加入葡萄糖和刃天青溶液，摇匀，调节 pH 使灭菌后在 25℃的 pH 值为 7.1 ± 0.2。分装至适宜的容器中，其装量与容器高度的比例应符合培养结束后培养基氧化层（粉红色）不超过培养基深度的 1/2。灭菌。在供试品接种前，培养基氧化层的高度不得超过培养基深度的 1/3，否则，须经 100℃水浴加热至粉红色消失（不超过 20 min），迅速冷却，只限加热一次，并防止被污染。

除另有规定外，硫乙醇酸盐流体培养基置 30~35℃培养。

2. 胰酪大豆胨液体培养基制备方法

配方：胰酪胨 17.0 g、氯化钠 5.0 g、大豆木瓜蛋白酶水解物 3.0 g、磷酸氢二钾 2.5 g、葡萄糖 / 无水葡萄糖 2.5 g/2.3 g、水 1 000 mL。

除葡萄糖外，取上述成分，混合，微温溶解，滤过，调节 pH 使灭菌后在 25℃的 pH 值为 7.3 ± 0.2，加入葡萄糖，分装，灭菌。

胰酪大豆胨液体培养基置 20~25℃培养。

3. 中和或灭活用培养基制备方法

按上述硫乙醇酸盐流体培养基或胰酪大豆胨液体培养基的处方及制法，在培养基灭菌或使用前加入适宜的中和剂、灭活剂或表面活性剂。

4. 0.5% 葡萄糖肉汤培养基（用于硫酸链霉素等抗生素的无菌检验）制备方法

配方：蛋白胨 10.0 g、氯化钠 5.0 g、牛肉浸出粉 3.0 g、葡萄糖 5.0 g、水 1 000 mL。

除葡萄糖外，取上述成分混合，微温溶解，调节 pH 为弱碱性，煮沸，加入葡萄糖溶解后，摇匀，滤清，调节 pH 使灭菌后在 25℃的 pH 值为 7.2 ± 0.2，分装，灭菌。

5. 胰酪大豆胨琼脂培养基制备方法

配方：胰酪胨 15.0 g、氯化钠 5.0 g、大豆木瓜蛋白酶水解物 5.0 g、琼脂 15.0 g、水 1 000 mL。

除琼脂外，取上述成分，混合，微温溶解，调节 pH 使灭菌后在 25℃的 pH 值为 7.3 ± 0.2，加入琼脂，加热溶化后，摇匀，分装，灭菌。

6. 沙氏葡萄糖液体培养基制备方法

配方：动物组织胃蛋白酶水解物和胰酪胨等量混合物 10.0 g、葡萄糖 20.0 g、水 1 000 mL。

除葡萄糖外，取上述成分，混合，微温溶解，调节 pH 使灭菌后在 25 ℃的 pH 值为 5.6 ± 0.2，加入葡萄糖，摇匀，分装，灭菌。

7. 沙氏葡萄糖琼脂培养基制备方法

配方：动物组织胃蛋白酶水解物和胰酪胨等量混合物 10.0 g、琼脂 15.0 g、葡萄糖 40.0 g、水 1000 mL。

除葡萄糖、琼脂外，取上述成分，混合，微温溶解，调节 pH 使灭菌后在 25 ℃的 pH 值为 5.6 ± 0.2，加入琼脂，加热溶化后，再加入葡萄糖，摇匀，分装，灭菌。

8. 马铃薯葡萄糖琼脂培养基制备方法

配方：马铃薯（去皮）200 g、琼脂 14.0 g、葡萄糖 20.0 g、水 1 000 mL。

取马铃薯，切成小块，加水 1 000 mL，煮沸 20~30 min，用 6~8 层纱布过滤，取滤液补水至 1 000 mL，调节 pH 使灭菌后在 25 ℃的 pH 值为 5.6 ± 0.2，加入琼脂，加热溶化后，再加入葡萄糖，摇匀，分装，灭菌。

二、材料工具及教学场所准备

1. 仪器及用具

高压蒸汽灭菌锅、容器、分装器、封口瓶等。

（1）高压灭菌锅：为了防止微生物污染，需要使用高压灭菌技术对培养基进行处理。

（2）容器：盛放培养基的容器常选用玻璃容器或耐高温塑料容器，不应选用铜或铁制品，因为它们可能引起培养基中重金属离子的污染。

（3）分装器：将调配好的培养基分装到预先准备的容器中，注意控制分装的量以适应微生物的生长需求。

（4）封口瓶：分装完成后，封闭瓶口，以保持培养基的成分稳定。

2. 实验材料

（1）原料：首先确定所需使用的原料，包括糖、蛋白质、维生素、氮源、磷酸盐等，确保原料清洁无污染，质量符合标准。

（2）生长因子：在某些情况下，可能需要添加生长因子以促进微生物的生长。

3. 教学场所

实验室、实训室等。

三、人员准备

人员分组，每组 5 人，每 20 名学生配备一位指导教师，明确职责分工。

任务角色	任务内容
组长：	任务：
组员 1：	任务：
组员 2：	任务：
组员 3：	任务：
组员 4：	任务：

任务筹划

一、内容筹划

1. 原料准备

制作白叶枯病菌培养基的原料包括蔗糖、蛋白胨、琼脂和葡萄糖等，需事先准备好。

2. 配制培养基

将蔗糖、蛋白胨、琼脂和葡萄糖等原料按一定的比例混合，并加入适量的水，搅拌均匀。然后加热至沸腾，继续煮沸 5~10 min，直至蔗糖完全溶解，然后立即关火。

3. 装瓶

将准备好的热液培养基倒入无菌培养瓶中，每瓶 20~25 mL。

4. 灭菌

将装有培养基的瓶放入高压灭菌器中进行高压灭菌，温度为 121 ℃，压力为 0.1 MPa，灭菌时间为 20~30 min。

5. 接种培养

将培养基倒入无菌培养皿中，然后接种病原菌，进行培养。

二、方法筹划

（1）学习讨论制作方法和流程。

（2）根据材料选择培养基类型和方法。

（3）小组内任务分工。

（4）根据分工协作完成制作任务。

（5）完成每一步数据记录。

（6）打分互评。

三、流程筹划

1. 计算称量

根据待检样品属性计算出所需的不同培养基的体积，根据说明书进行准确称量；电子天平需开机预热 30 min 后使用，称量过程中手要稳，避免将培养基洒落在天平称量盘中，若洒落，应立即停止称量，使用洁净布擦干粉末，重新调零后称量。

2. 溶化

对于可溶性淀粉，先用少量冷水调成糊状，再放入沸水中；不易溶解的培养基，先加入少量纯化水振摇溶解后，二次加水配制；需分装的培养基需完全溶解，含琼脂的培养基需加热融化，完全溶解后，分装至不同容器中进行灭菌。

3. 分装

如果要制作斜面培养基，须将培养基分装于试管中。如果要制作平板培养基或液体、半固体培养基，则须将培养基分装于锥形瓶内。分装时，一只手捏松弹簧夹，使培养基流出，另一只手握住几支试管或锥形瓶，依次接取培养基。分装时，注意不要使培养基黏附管口或瓶口，以免引起杂菌污染。装入试管的培养基量，视试管和锥形瓶的大小及需要而定。一般制作斜面培养基时，每只 15 mm × 150 mm 的试管，装 3~4 mL（1/4~1/3 试管高度），如制作深层培养基，每只 20 mm × 220 mm 的试管装 12~15 mL。

4. 加塞

分装完毕后，需要用硅胶塞堵住管口或瓶口。主要目的是过滤空气，避免污染。不要用脱脂棉，以免因脱脂棉吸水使棉塞无法使用。塞入管口或瓶口中的硅胶塞，应紧贴内壁不留缝隙，以防空气中微生物沿褶皱侵入，塞好后，以手提塞，管、瓶不下落为合适；硅胶塞的 2/3 应在管内，上端露出少许便于拔取。

5. 包扎

塞好塞的试管和锥形瓶应盖上牛皮纸用绳扎紧，同时贴上标签，注明培养基的名称、组别、配制日期后，准备灭菌。

6. 灭菌

根据培养基说明书规定的灭菌参数进行灭菌。灭菌后，如制作斜面培养基和平板培养基，须趁培养基未凝固时进行。

任务实施

步骤一：
步骤二：
步骤三：
步骤四：
步骤五：

任务评价

工作任务完成过程评价表

班级：__________　组别：__________　姓名：__________

项目	评分标准	自我评价	小组评价	教师评价
制作计划（30 分）	确定制作方法（10 分）			
	流程设计（10 分）			
	合理分工（10 分）			

（续表）

<table>
<tr><th>项目</th><th>评分标准</th><th>自我评价</th><th>小组评价</th><th>教师评价</th></tr>
<tr><td rowspan="3">培养基制作（30分）</td><td>制作过程规范（10分）</td><td></td><td></td><td></td></tr>
<tr><td>安全操作（10分）</td><td></td><td></td><td></td></tr>
<tr><td>实验记录完整（10分）</td><td></td><td></td><td></td></tr>
<tr><td rowspan="5">活动完成过程（30分）</td><td>能够根据工作任务资料，分析并制订工作计划（5分）</td><td></td><td></td><td></td></tr>
<tr><td>认真思考，积极动手，动脑（5分）</td><td></td><td></td><td></td></tr>
<tr><td>积极参与小组合作与交流，配合默契，互帮互助（5分）</td><td></td><td></td><td></td></tr>
<tr><td>通过小组讨论与再学习完成工作任务（5分）</td><td></td><td></td><td></td></tr>
<tr><td>具有认真严谨的科学态度（10分）</td><td></td><td></td><td></td></tr>
<tr><td>活动效果（10分）</td><td>整体的效果（很好为10分；较好为7~9分；一般为3~6分；较差为0~2分）</td><td></td><td></td><td></td></tr>
<tr><td colspan="2">合计</td><td></td><td></td><td></td></tr>
<tr><td>自我评价与总结</td><td colspan="4"></td></tr>
<tr><td>教师点评</td><td colspan="4"></td></tr>
</table>

任务四　检验带菌牧草种子

任务导入

种子是牧草生产的基础，种子中是否含有病菌直接关系到牧草的生长和产量。因此，在农牧业生产中，对种子进行检测是非常必要的。

任务工单

班级:__________　姓名:__________　学号:__________

任务名称	检验带菌牧草种子
任务描述	根据实际情况，填写本任务的内容、目的、流程和方法。 任务内容:__________ __________。 任务目的:__________ __________。 任务流程:__________ __________。 任务方法:__________ __________。
获取信息	要完成任务，需要掌握相关的知识。请收集资料，回答以下问题。 1. 检查种子的内部或表面的带菌情况。 2. 种子带菌是否需要处理及处理的方法? 3. 种子带菌是否可以作为预测预报当年病害发生情况的依据? 4. 种子带菌检验有哪些方法?
制订计划	

（续表）

<table>
<tr><td rowspan="6">任务实施</td><td colspan="4">按照预先制订的工作计划，完成本任务，并记录任务实施过程。</td></tr>
<tr><td>序号</td><td>完成的任务</td><td>遇到的问题</td><td>解决办法</td></tr>
<tr><td></td><td></td><td></td><td></td></tr>
<tr><td></td><td></td><td></td><td></td></tr>
<tr><td></td><td></td><td></td><td></td></tr>
<tr><td></td><td></td><td></td><td></td></tr>
</table>

<table>
<tr><td rowspan="12">任务评价</td><td colspan="6">评价表</td></tr>
<tr><td>项目</td><td>评价内容</td><td>分值</td><td>自评</td><td>互评</td><td>师评</td></tr>
<tr><td rowspan="6">知识技能</td><td>带菌种子</td><td>10</td><td></td><td></td><td></td></tr>
<tr><td>鉴定</td><td>10</td><td></td><td></td><td></td></tr>
<tr><td>孢子</td><td>10</td><td></td><td></td><td></td></tr>
<tr><td>悬浮液</td><td>10</td><td></td><td></td><td></td></tr>
<tr><td>安全操作</td><td>10</td><td></td><td></td><td></td></tr>
<tr><td>产量</td><td>10</td><td></td><td></td><td></td></tr>
<tr><td>任务进度</td><td>提前完成10分；正常完成7~9分；超时完成3~6分；未完成0~2分</td><td>10</td><td></td><td></td><td></td></tr>
<tr><td>任务质量</td><td>整体效果很好为10分；较好为7~9分；一般为3~6分；较差为0~2分</td><td>10</td><td></td><td></td><td></td></tr>
<tr><td>素养表现</td><td>严谨操作，互相协作</td><td>10</td><td></td><td></td><td></td></tr>
<tr><td>思政表现</td><td>安全操作，步骤严格</td><td>10</td><td></td><td></td><td></td></tr>
</table>

任务准备

一、知识准备

（一）传统的种子带菌检测方法

传统的种子带菌检测方法主要包括种子分离培养法和荧光显微镜观察法。

1. 种子分离培养法

这种方法是将种子表面的微生物分离出来，在培养基上进行培养和观察。方法简单易行，但对微生物种类和数量的检测存在一定局限性，并且需要较长时间进行培养，不适合对大批量的种子进行检测。

2. 荧光显微镜观察法

这种方法是利用荧光染色剂将种子表面微生物染色，然后使用荧光显微镜观察。该方法能够检测到更多的微生物，但需要专业的仪器和技术支持，成本较高，时间较长。

（二）新兴的分子生物学检测方法

近年来，由于分子生物学技术的发展，种子带菌检测的方法也得到了极大的改善和升级。分子生物学检测方法主要包括 PCR 检测和下一代测序技术。

1. PCR 检测

PCR 检测是通过扩增微生物 DNA 或 RNA 的特定片段来确定种子带菌情况。该方法能够检测到非常微小的微生物数量，具有高度的敏感性和特异性，同时也能够实现快速检测，特别适用于检测大批量的种子。

2. 下一代测序技术

下一代测序技术是通过对微生物进行基因组测序，对微生物种类和数量进行鉴定和分析。该技术能够实现快速、准确、高通量的检测，同时也能够为进一步研究种子微生物提供更多的信息。

（三）不同检测方法的优劣势

传统方法和分子生物学检测方法各有优劣势。传统方法成本低，但存在检测局限性和时间较长的缺点。分子生物学检测方法具有高度的特异性和敏感性，但成本较高。

根据具体需求，可以针对不同的种子选择合适的检测方法。对于小批量或者重要性不高的种子，传统方法仍然是可行的选择；对于大批量、重要性高的种子，则更倾向于分子生物学检测方法。

总的来说，种子带菌检测方法的发展为种子行业的健康发展提供了有力保障，同时也促进了种植业的现代化。

二、材料工具及教学场所准备

1. 仪器及用具

荧光显微镜、PCR 仪、台式天平、量筒、烧杯、离心机、光学显微镜、解剖针、血球计数板、测微尺、三角瓶、吸管、载玻片及盖玻片等。

2. 实验材料

牧草种子、蒸馏水、离心管等。

3. 教学场所

实验室、实训室等。

三、人员准备

人员分组，每组 5 人，每 20 名学生配备一位指导教师，明确职责分工。

任务角色	任务内容
组长：	任务：
组员 1：	任务：
组员 2：	任务：
组员 3：	任务：
组员 4：	任务：

任务筹划

一、内容筹划

洗涤检验是植物种子带菌的很重要检验方法，本实验以牧草种子为材料，通过洗涤检验测定牧草种子的带菌量。通过本实验使学生掌握种子带菌洗涤检验的基本操作方法，并能在实践中加以运用；能对牧草上重要检疫性病菌进行识别和鉴定。

（1）检查种子的内部或表面的带菌情况，可决定该种子是否可作为播种材料。

（2）经过种子带菌检验后，可决定该种子是否需要处理及处理的方法。

（3）通过种子带菌检验确定当年种子的带菌程度，作为预测预报当年病害发生情况的依据之一。

（4）种子带菌检验是实施植物检疫的常用手段。

二、方法筹划

洗涤检验在检疫中广泛用于检查附着在粮食和其他种子表面的各种真菌孢子。如禾谷类种子上的黑粉病菌、牧草矮腥黑穗病菌和甜菜种子表面的甜菜锈病菌的孢子等。其原理是一定量的种子，加入一定体积的无菌水或其他洗涤液，经振荡后可使附着在种子表面的病菌孢子充分洗涤下来。然后直接取悬浮液观察，或悬浮液经离心浓缩后定容至一定的体积（体积大小以便于镜检观察为度），立即取一滴悬浮液滴于载玻片上，用显微镜检查，可鉴定病原种类，并计算每粒种子上的孢子负荷量。

采用洗涤检验进行定量分析时常因人为操作上的差异而引起一定的误差。如在洗涤的过程中种子表面所黏附的病菌孢子不一定能完全洗涤下来，因此洗涤时应重复振荡，使孢子重复洗涤下来，必要时可将洗涤液分为两份，两次洗涤后将洗涤液合并。此外，孢子分布不均匀，所观察视野或计数板小格不同，其孢子量也有一定的差异，为降低这些差异，可设置一定的重复。

三、流程筹划

（1）抽取 10 g 牧草种子，放入三角瓶内，加入无菌水 50 mL，振荡 5~10 min，使附着在种子表面的病菌孢子冲洗下来。

（2）将悬浮液倒入洁净的离心管内，2 000~4 000 r/min 条件下离心 10 min，使病原菌孢子完全沉于底管，倒出上清液，每个离心管中加入少量的蒸馏水，振动离心管使沉淀充分悬浮，将各离心管中的悬浮液合并后，定容至 1 mL。

（3）立即取一滴悬浮液滴于载玻片上，用显微镜检查，观察病原形态，并计算单位重量种子上的孢子负荷量。为保证检测的可靠性，一般对每一样品的洗涤液至少要镜检各 5 个玻片。计算单位种子的带菌量可采用以下方法。

①平均视野推算法。吸取 1 滴悬浮液放在玻片上，每个玻片检查 10 个视野，5 个玻片共 50 个视野，统计观察到的孢子数量，并求出每个视野的平均孢子数。用显微镜测微尺测定在一定的放大倍数下各视野的半径，算出每一视野的面积。根据盖玻片的面积，计算全玻片的视野数，再根据视野数、平均每视野上的孢子数、每毫升的悬浮液滴数计算出单位重量种子的带菌量。

单位重量种子的孢子量（个 /g）=（平均每视野孢子数 × 盖玻片的视野数 × 每毫升的悬浮液滴数 × 悬浮液体积）/ 种子重量（g）

②利用纽鲍尔（Neubauer）氏血球计数板测定孢子数。血球计数计上刻有许多小方格，每一小方格的边长为 0.05 mm，面积为 0.002 5 mm^2，其深度为 0.1mm，故每一小方格的体积为 $0.002\ 5\times0.1=0.000\ 25mm^3$，即 1/4 000 000 mL。操作时，先将盖玻片盖在计数板的刻度处，然后用吸管吸取所需测定的悬浮液小心地从玻片的一侧将一滴悬浮液注入计数板刻度处与盖玻片间（注意液体不可溢出，并避免盖玻片下有气泡）。轻压玻片，然后将计数板置于显微镜下检查。通常共观察 80 个小格（或 5 大格），统计其中的孢子数量，求出平均每小格内的孢子含量，再乘以 4 000 000，即为 1 mL 悬浮液中的孢子数。由该孢子数乘以悬浮液体积，得出原有悬浮液的孢子总含量，除以检验种子的重量，即单位重量种子上的孢子负荷量。

采用以上方法计数时，也可根据单位重量种子的孢子数计算出每粒种子的平均带菌量。即，每粒种子的平均带菌量（个 /g）＝单位重量种子的孢子数 / 每克种子的种了粒数。

（4）结果处理。

①计算单位种子的孢子携带量。

②从孢子大小、网脊高度、胶质鞘厚度 3 方面比较牧草矮腥黑穗病和网腥黑穗病菌冬孢子形态的异同。

任务实施

步骤一：
步骤二：
步骤三：
步骤四：
步骤五：
步骤六：
步骤七：

任务评价

工作任务完成过程评价表

班级：________ 组别：________ 姓名：________

项目	评分标准	自我评价	小组评价	教师评价
种子洗涤（30分）	洗涤震荡（10分）			
	试管离心（10分）			
	样液抽取（10分）			
结果处理（30）分	计算携带量（10分）			
	分析对比病原（10分）			
	科学记录（10分）			
活动完成过程（30分）	能够根据工作任务资料，分析并制订工作计划（5分）			
	认真思考，积极动手，动脑（5分）			
	积极参与小组合作与交流，配合默契，互帮互助（5分）			
	通过小组讨论与再学习完成工作任务（5分）			
	具有认真严谨的科学态度（10分）			
活动效果（10分）	整体的效果（很好为10分；较好为7~9分；一般为3~6分；较差为0~2分）			
合计				

（续表）

自我评价与总结	
教师点评	

项目检测

请扫右侧二维码答题。

（上）　（下）

项目二 昆虫识别

项目导读

昆虫（insects）隶属于节肢动物门（Arthropoda）昆虫纲（Insecta），昆虫纲是动物界中物种数量最多的一个纲。全世界已知的昆虫种类在 100 万种以上，约占动物界种类的 2/3。

人们通常把为害植物的昆虫称为害虫，把由它们引起的植物伤害称为虫害。除为害虫外，在昆虫中还有很多对人类有益的种类，称为益虫。多数益虫捕食害虫或寄生在各种害虫体内，在抑制害虫暴发成灾方面具有重要作用，称为天敌昆虫；有些益虫在帮助植物传粉、分解植物残体和促进生态循环等方面具有重要作用。

【知识目标】

1. 明确昆虫识别的方法。
2. 学习昆虫的形态特征、生活习性、发生规律。
3. 能通过初步调查、资料阅读、线上课程等方式了解影响昆虫种群数量变动的主要因素。

【技能目标】

1. 掌握昆虫的形态特征、生活习性、发生规律。
2. 了解影响昆虫种群数量变动的主要因素。
3. 调查资料确定准确的防治害虫的时机。

【素质目标】

1. 树立安全意识。熟知野外工作安全常识，能保障个人人身安全，同时保护生态环境及昆虫多样性。

2. 遵守野外工作纪律，能恰当有效地利用时间，有效地计划并实施，按时完成各项任务。

3. 主动承担工作任务及责任，尊重他人及其意见，遵从集体决策，遵守各种行为规范和操作规范。

4. 树立严谨求实的科学态度。

【思政目标】

1. 生态意识：让学生明白在进行地下害虫防治时要注重保护生态平衡，减少对非目标生物和环境的不良影响，尊重和呵护大自然。

2. 科学精神：培养学生严谨的科学态度，在研究和实践地下害虫防治方法过程中追求真理、勇于探索、实事求是。

3. 社会责任感：使学生意识到做好害虫防治对于农业生产、粮食安全及农民利益的重要意义，从而激发他们为社会服务的责任感。

任务一 昆虫外部形态的观察

任务导入

昆虫形态学是研究昆虫的结构、功能、起源、发育及进化的科学。了解昆虫的形态不仅是识别昆虫、对昆虫进行系统分类和进化研究的基础，而且是研究昆虫生物学、仿生学及选择害虫防治措施等的必要前提。从昆虫体躯构造角度出发，昆虫形态学又分为外部形态学与内部解剖学两大部分。观察不同昆虫，在掌握种类鉴定方法的同时熟悉昆虫生物学特性。

任务工单

班级：____________ 姓名：____________ 学号：____________

任务名称	昆虫外部形态的观察
任务描述	根据实际情况，填写本任务的内容、目的、流程和方法。 任务内容：____________ ____________。 任务目的：____________ ____________。 任务流程：____________ ____________。 任务方法：____________ ____________。

（续表）

<table>
<tr><td>获取信息</td><td>要完成任务，需要掌握相关的知识。请收集资料，回答以下问题。
1. 昆虫的头部包括哪些结构？
2. 昆虫头式分为哪几类？
3. 昆虫的胸部包括哪些结构？
4. 昆虫的腹部包括哪些结构？
5. 昆虫体壁的主要功能是什么？</td></tr>
<tr><td>制订计划</td><td></td></tr>
<tr><td>任务实施</td><td>按照预先制订的工作计划，完成本任务，并记录任务实施过程。
<table>
<tr><th>序号</th><th>完成的任务</th><th>遇到的问题</th><th>解决办法</th></tr>
<tr><td></td><td></td><td></td><td></td></tr>
<tr><td></td><td></td><td></td><td></td></tr>
<tr><td></td><td></td><td></td><td></td></tr>
<tr><td></td><td></td><td></td><td></td></tr>
</table></td></tr>
<tr><td>任务评价</td><td>评价表
<table>
<tr><th>项目</th><th>评价内容</th><th>分值</th><th>自评</th><th>互评</th><th>师评</th></tr>
<tr><td rowspan="5">知识技能</td><td>按要求选择相应的观察昆虫（10头）</td><td>10</td><td></td><td></td><td></td></tr>
<tr><td>识别昆虫头式（10头）</td><td>10</td><td></td><td></td><td></td></tr>
<tr><td>识别昆虫翅的类型（10头）</td><td>10</td><td></td><td></td><td></td></tr>
<tr><td>识别昆虫足的结构（10头）</td><td>10</td><td></td><td></td><td></td></tr>
<tr><td>分析昆虫体壁特点</td><td>10</td><td></td><td></td><td></td></tr>
</table></td></tr>
</table>

（续表）

任务评价	评价表					
	项目	评价内容	分值	自评	互评	师评
	任务进度	完成昆虫附器类型识别	10			
	任务质量	翅、足、触角、口器类型识别是否正确	10			
	素养表现	团结协作、科学严谨、认真务实、善于学习	15			
	思政表现	在识别过程中注意保护昆虫	15			

任务准备

一、知识准备

昆虫与其他节肢动物一样，体躯由一系列环节（即体节）组成，在有些体节上具有成对而分节的附肢，节肢动物由此得名。昆虫体躯的各体节按其功能分别集中，形成头部、胸部和腹部 3 个明显的体段（图 2-1-1）。头部各体节已紧密地愈合在一起，着生有 1 个口器，1 对触角，1 对复眼和 0~3 个单眼，是感觉和取食的中心；胸部由前胸、中胸和后胸 3 个体节组成，每个胸节上着生 1 对足，中胸和后胸常各生有 1 对翅，是运动的中心；腹部通常由 11 个体节构成，第 1~8 节两侧各生有 1 对气门，末端生有外生殖器和尾须，各种内脏器官大部分位于腹内，是生殖和新陈代谢的中心。

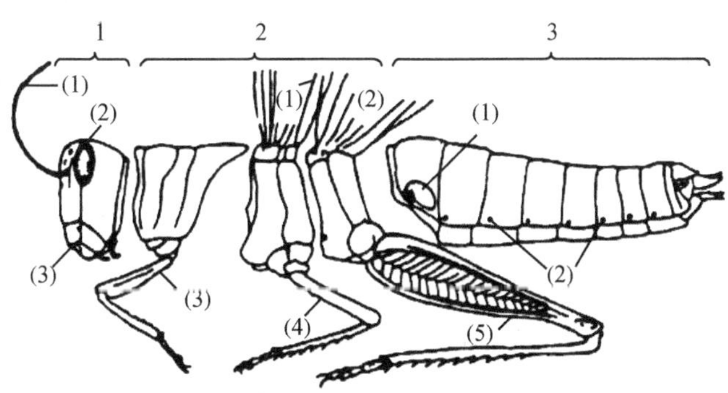

1. 头部：（1）触角，（2）复眼，（3）口器；2. 胸部：（1）前翅，（2）后翅，（3）前足，（4）中足，（5）后足；3. 腹部：（1）听器，（2）气门。

图 2-1-1　昆虫体躯结构

（张学哲，2005. 作物病虫害防治）

1. 昆虫的头部

头部是昆虫体躯的第一个体段，一般认为由6个体节愈合而成。昆虫的头部通常可分头顶、额、唇基、颊和后头。头的顶部称头顶（颅顶），头顶前下方是额，头顶与额之间以“人”字形的蜕裂线为界。额的下方是唇基，额与唇基之间以额唇基沟为界，唇基下连接上唇。颊位于头部两侧，其前方以额颊沟与额为界。头的后方连接一条狭窄拱形的骨片称为后头，其前方以后头沟与颊为界。

昆虫头部的附属器官有触角、复眼、单眼和口器。

（1）触角。触角是昆虫头部的1对附肢，一般着生于额区，其基部包被于膜质的触角窝内，可以活动。触角一般由3部分构成，即柄节、梗节和鞭节（图2–1–2）。柄节是最基部的1节，常粗短。梗节是触角的第2节，一般较小，大部分昆虫在梗节上有1个特殊的感觉器，称为江氏器。梗节以下统称为鞭节，此节在不同昆虫中变化很大，常分成若干亚节。触角的形状及长短、节数、着生部位等，不同种类或同种不同性别昆虫间的变化很大，形成了各种不同的类型，主要有刚毛状、丝状（线状）、念珠状、栉齿状、锯齿状、球杆状（棒状）、锤状、具芒状、鳃叶状、羽状（双栉齿状）、膝状（肘状）和环毛状。触角的形状和类型常作为种类鉴别和区分雌雄的依据。

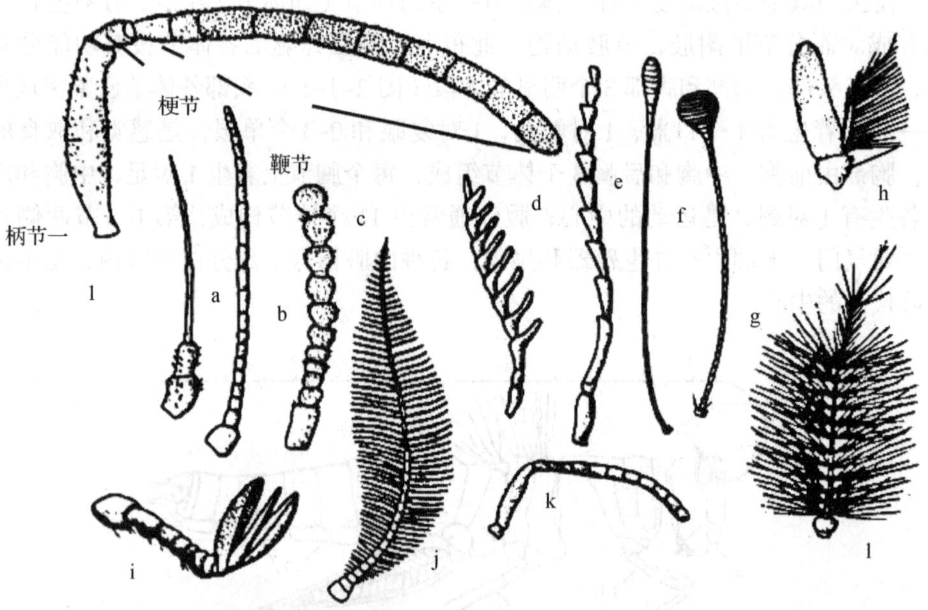

a. 刚毛状（蜻蜓）；b. 丝状（飞蝗）；c. 念珠状（白蚁）；
d. 栉齿状（绿豆象）；e. 锯齿状（锯天牛）；f. 球杆状（白粉蝶）；g. 锤状（长角蛉）；
h. 具芒状（绿蝇）；i. 鳃叶状（金龟甲）；j. 羽状（樟蚕蛾）；k. 膝状（蜜蜂）；l. 环毛状（库蚊）。

图2–1–2 触角的基本构造及类型

（张学哲，2005. 作物病虫害防治）

昆虫的触角主要功能是嗅觉和触觉作用，有的也有听觉作用。其表面具有很多不同类型的感觉器，在昆虫的种间和种内化学通信、声音通信及触觉通信中起着重要作用。一般雄性昆虫的触角较雌性昆虫的触角发达，能准确地接收雌性昆虫在较远处释放的性信息素。此外，昆虫的触角还有一些其他功能，如芫菁在交配时，雄虫的触角能起协助拥抱雌虫的作用，魔蚊的幼虫利用触角可以捕获猎物，仰泳蝽在游泳时触角能平衡身体，水龟虫潜水时可以用触角帮助呼吸。

（2）复眼和单眼。

①复眼。复眼是昆虫主要的视觉器官，着生于头部侧上方，常为圆形或卵圆形，一般由许多大小一致的小眼组成，为成虫和不全变态类的若虫或稚虫所具有。隐蔽或营寄生生活昆虫，复眼退化或消失。复眼对光的强度、波长和颜色等都有较强的分辨能力，与昆虫觅食、求偶、产卵等行为密切相关。大多数昆虫对 550~600 nm 的黄光、绿光有趋光性，故多选择绿色植物产卵或取食；而夜晚活动的昆虫对 330~400 nm 的紫外光有很强的趋光性。

②单眼。包括背单眼和侧单眼两类。背单眼为成虫和不全变态类的若虫或稚虫所具有，着生于额的上部，常为 3 个。侧单眼仅为全变态类幼虫所具有，位于头部两侧，常 1~7 对不等，单行或双行，弧形或线形排列，其数目与排列方式对幼虫的分类与区别有较大用途。单眼只能感受光线的强弱与方向而无成像功能。

（3）口器。又叫取食器，是昆虫的取食器官。昆虫因食性及取食方式的分化，形成了不同类型的口器。大体上取食固体食物的昆虫口器为咀嚼式；取食液体食物的昆虫口器为吸收式；兼食固体和液体食物的昆虫口器为嚼吸式，其中，吸食表面液体的昆虫口器为舐吸式或虹吸式，而吸食寄主内部液体的昆虫口器为刺吸式、锉吸式或捕吸式。在这些类型的口器中以咀嚼式口器最为原始，其他类型的口器均由咀嚼式口器演变而成。

①咀嚼式口器。咀嚼式口器的主要特点是具有发达而坚硬的上颚以嚼碎固体食物。无翅亚纲、裱翅目、直翅目、鞘翅目、大部分脉翅目、部分膜翅目成虫及很多类群的幼虫或稚虫的口器都属于咀嚼式，其中以直翅目的口器最为典型。咀嚼式口器由上唇、上颚、下颚、下唇与舌 5 部分组成（图 2–1–3）。

②刺吸式口器。刺吸式口器是取食植物汁液或动物血液的昆虫所具有的既能刺入寄主体内又能吸食寄主体液的口器，蚜虫、叶蝉、椿象等昆虫的口器均为刺吸式口器。与咀嚼式口器不同点在于：上颚、下颚的内颚叶特化而成 2 对口针，其中上颚较粗硬，包于外侧，端部有倒钩，下颚口针较细，2 根下颚口针内侧相对面各有 2 条纵沟；下唇延长成管状的喙，中央凹陷成 1 条纵沟，具有保护口针的作用；食窦形成强有力的抽吸机构（图 2–1–4）。具有刺吸式口器的昆虫上唇小，三角形，覆盖在喙的基部。下唇须、下颚须、舌均退化。取食时，口针从喙中脱出，1 对上颚口针先刺入，1 对下颚口针后刺入。左右下颚口针嵌合形成两条管道：一条是用来吸食汁液的食物道，另一条是用来分泌唾液的唾道。食窦和咽喉的一部分形成具有抽吸作用的唧筒构造，即用以抽吸液体食物的食窦唧筒。

③锉吸式口器。为蓟马类昆虫所特有。其上颚不对称，即右上颚高度退化或消失，以致只有 3 根口针，即由左上颚和 1 对下颚特化而成。其中 2 根下颚口针形

成食物管，唾道则由舌与下唇的中唇舌紧合而成。被害植物常出现不规则的变色斑点、畸形或叶片皱缩卷曲等症状。

④虹吸式口器。为蝶、蛾类成虫所特有。主要特点是下颚的外颚叶极度延长成喙，内具纵沟，相互嵌合形成管状的食物道。除下唇须发达外，口器的其余部分均退化或消失。喙由许多骨化环紧密排列组成，环间有膜质，故能卷曲。喙平时卷藏在头下方两下唇须之间，取食时伸到花心吸取花蜜。有些蛾类成虫不取食，口器退化。

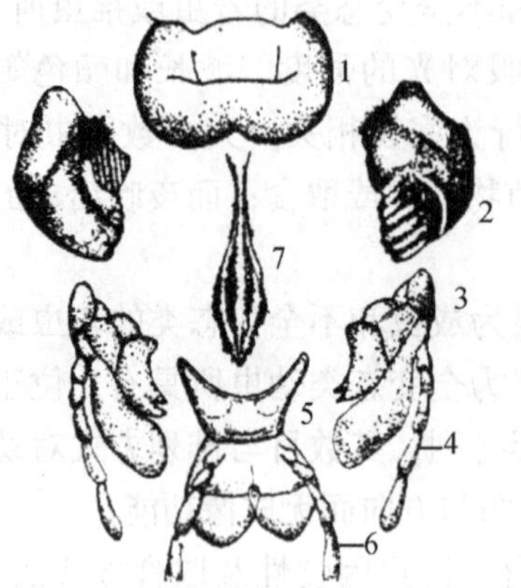

1. 上唇；2. 上颚；3. 下颚；4. 下颚须；5. 下唇；6. 下唇须；7. 舌。

图2-1-3　咀嚼式口器

（张学哲，2005. 作物病虫害防治）

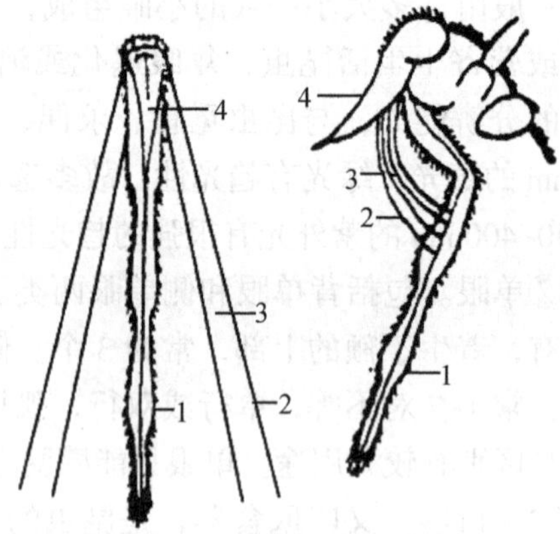

1. 喙；2. 上颚口针；3. 下颚口针；4. 上唇。

（左图为正面，右图为侧面）

图2-1-4　刺吸式口器

（张学哲，2005. 作物病虫害防治）

⑤舐吸式口器。为双翅目蝇类所特有。其特点是上下颚完全退化，下唇变成粗短的喙。喙的背面有 1 小槽，内藏 1 扁平的舌。槽面由下唇加以掩盖，喙的端部膨大形成 1 对具有展开合拢能力的唇瓣。两唇瓣间有食物口，唇瓣上有许多横列的小沟，这些小沟都通到食物的进口。取食时即由唇瓣舐吸物体表面的汁液，或吐出唾液湿润食物，然后加以舐吸。

⑥嚼吸式口器。为一部分高等蜂类所特有。既能咀嚼固体食物，又能吮吸液体食物。如蜜蜂具有 1 对与咀嚼式口器相仿的上颚，用以咀嚼花粉和筑巢等，而以下颚和下唇组成吮吸用的喙。

⑦捕吸式口器。为脉翅目幼虫、鞘翅目萤科和龙虱幼虫特有。上颚延长成镰刀状，端部尖锐，其腹面纵凹成槽；下颚外颚叶也延长成镰刀状，紧贴于上颚的纵槽内，形成食物道和唾道。左、右 2 条上、下颚分别组合成 2 对刺吸构造，又称双刺吸式口器。

（4）头式。昆虫的头部，由于口器着生的位置和方向不同，可分为下述 3 种头式。

①下口式口器。着生在头部的下方并向下伸，与身体的纵轴垂直。大多数具有咀嚼式口器的植食性昆虫和一少部分捕食性昆虫的头式属于此类，如蝗虫、鳞翅目

幼虫等的头式。这是最原始的一类头式。

②前口式口器。在头部的前方并向前伸，与身体的纵轴成钝角或几乎平行。大多数具有咀嚼式口器的捕食性昆虫、钻蛀性昆虫的头式属于前口式。

③后口式口器。向后倾斜，和身体纵轴成锐角，不用时贴于身体的腹面。具有刺吸式口器昆虫的头式属于此型，如蝉、叶蝉、蚜虫、椿象等。

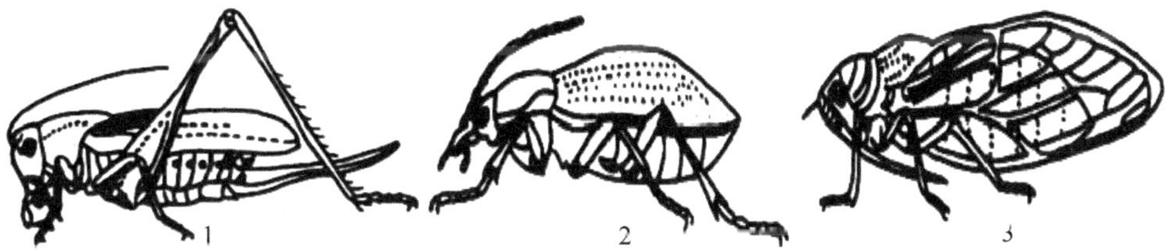

1. 下口式；2. 前口式；3. 后口式。

图2-1-5　昆虫的头式

（刘长仲，姚拓，2022. 草地保护学）

2. 昆虫的胸部

胸部是昆虫体躯的第二段，其前端以颈膜与头部相连，后端与腹部相连。由前胸、中胸及后胸 3 个胸节组成。每 1 胸节有 1 对足，大多数有翅亚纲昆虫的中、后胸上还各有 1 对翅。足和翅都是昆虫的运动器官，所以胸部是昆虫的运动中心。大部分无翅昆虫各胸节的大小、形状十分相似，有翅昆虫的中、后胸因在形态上与前胸差别较大而特称具翅胸节。

（1）胸部的基本构造。无翅昆虫和其他昆虫的幼虫期，胸节构造比较简单，3 个胸节基本相似。有翅昆虫的胸部，由于适应足和翅的运动，胸部需要承受强大肌肉的牵引力，所以胸部骨板高度骨化，骨间的结构非常紧密，骨板内面的内脊或内突上生有强大的肌肉。每 1 胸节均由背面的背板、腹面的腹板和两侧的侧板组成，各骨板又被其上的沟、缝划分为许多小骨片。

①前胸。昆虫的前胸无翅，构造比较简单，但在各类昆虫中也有很大变化，其发达程度常与前足是否发达相适应。如螳螂前足特化为捕捉足，蝼蛄前足特化为开掘足，前胸都很发达。前胸侧板和腹板一般都不发达，但背板则因种类不同常有很大变化。例如，蝗虫类的前胸背板呈马鞍形，两侧向下扩展，几乎盖住整个侧板；菱蝗类的前胸背板向后延伸至腹部末端；半翅目、鞘翅目昆虫的前胸背板也很发达；膜翅目昆虫的前胸背板通常仅仅是一狭小骨片。

②具翅胸节。具翅胸节（指代中胸、后胸）2 节的结构相似，背板、侧板和腹板通常均很发达，被一些沟划分为许多小骨片，各种小骨片均有专门的名称，鳞翅目、双翅目和膜翅目的昆虫，主要靠前翅飞行，其中胸比后胸发达。

（2）胸部的附器。

①胸足。胸足是着生在各胸节侧腹面基节臼（或称基节窝）里的成对附肢；成虫期有足 3 对，前胸、中胸、后胸各 1 对，分别称为前足、中足和后足。成虫的胸

足一般由6节组成，从基部到端部依次称为基节、转节、腿节、胫节、跗节和前跗节。前跗节一般具两个侧爪，侧爪间有一中垫或爪间突，有时在爪下面还有爪垫。昆虫的胸足原是适于陆生的行走器官，但在各类昆虫中，因生活环境和生活方式的不同，其功能与形态出现了一些变化。根据其结构与功能，可把昆虫的足分为不同的类型，常见的类型有步行足、跳跃足、开掘足、游泳足、抱握足、携粉足、捕捉足。

②翅。昆虫是动物界中最早获得飞行能力的类群，同时也是无脊椎动物中唯一有翅的类群。翅对昆虫寻找食物、觅偶繁衍、躲避敌害及迁移扩散等具有重要作用，是昆虫纲繁盛的重要因素之一。大多数昆虫的中胸和后胸上各有1对翅，分别称为前翅和后翅；少数只有1对翅，后翅特化为平衡棒，如蝇、蚊和雄性介壳虫；有些昆虫的翅完全退化或消失，如虱目、蚤目；另外还有同种昆虫内仅雄虫具翅，雌虫无翅的现象，如草原毛虫。

3. 昆虫的腹部

腹部是昆虫体躯的第三个体段，多数有翅昆虫第1腹节的端背片与后胸的悬骨有关，所以胸部与腹部紧密相连。膜翅目细腰亚目的昆虫腹部第1节甚至与后胸合并成胸部的一部分，称为并胸腹节。腹部内部包藏着主要的内脏器官及生殖器官，是昆虫新陈代谢和生殖的中心。

（1）腹部的基本结构。昆虫腹部一般呈椭圆形或扁圆形，也有细杆状、球形、基部细长如柄、平扁或立扁的。一般由9~11节腹节组成，但有的种类仅有5~6节，如蜂、蝇等。腹部除末端数节外，一般无附肢，各节由背板、腹板和连接它们的侧膜组成，没有侧板。各节间由柔软的节间膜连接。因此，腹节可以相互套叠，伸缩弯曲，以利于交配和产卵等活动。

腹部的第1~7节腹节（雌性）或第1~8节腹节（雄性）内包藏有大量内脏，称脏节，也称生殖前节。脏节每节两侧各有气门1对，共8对，用以呼吸。昆虫成虫的第8、第9节腹节（雌性）或仅第9节腹节（雄性）上生有产卵或交配器官，这些腹节特称为生殖节。生殖节具有附肢特化成的交尾和产卵的器官，称生殖肢。第10腹节和第11腹节统称生殖后节。第11腹节又称臀节，尾须是它的附肢，因为肛门位于此节末端，所以它的背板称为肛上板，两侧称肛侧板。

（2）腹部的附肢。无翅亚纲昆虫的腹部，除外生殖器官和尾须外，脏节上亦有各种特殊的附肢。有翅亚纲成虫期除外生殖器和尾须外，腹部再无别的附肢，只有在幼虫期腹部才有与行动有关的附肢，如鳞翅目、膜翅目叶蜂科幼虫腹部有腹足。

4. 昆虫的体壁

昆虫体躯多呈圆筒形，体壁是昆虫体躯最外层的组织，结构复杂而精巧。来源于外胚层细胞及其分泌物，但从某些结构特性上看，却相当于脊椎动物的骨骼，所以又称为外骨骼，其作用在于保持昆虫固定的体形。体壁内陷可供肌肉着生，保护内脏器官免受机械损伤，防止体内水分蒸发和外来有害物质的侵入。此外，体壁上具有各种感觉器，可以使昆虫与外界环境取得联系。了解昆虫体壁的形态和理化特性，对害虫防治和了解杀虫剂的毒理是很重要的。

（1）体壁的基本构造。体壁来源于外胚层，由内向外可分为底膜、皮细胞层和表皮层 3 部分，表皮层和底膜均由皮细胞分泌而成。

①底膜，位于体壁的最内层，是紧贴在皮细胞层下的一层薄膜，一般认为它是皮细胞所分泌的非细胞性物质。

②皮细胞层，又称真皮层，为单一细胞层，细胞排列整齐，是体壁中唯一的活细胞组织。细胞近表皮一侧的质膜形成微绒毛，与溶离、吸收旧表皮和分泌、沉积新表皮活动有关。皮细胞的形态结构随变态和蜕皮周期而变化。在蜕皮过程中，皮细胞多呈柱状。皮细胞在发育过程中可特化成腺体、绛色细胞、毛原细胞及感受细胞等。

③表皮层，由皮细胞分泌形成，由内向外可分成内表皮、外表皮和上表皮 3 层。

（2）体壁衍生物。体壁衍生物是指体壁向外突出形成的各种外长物或内陷形成的内骨骼和各种腺体。外长物依其有无皮细胞参与或参与的数目可分为 3 类。

（3）体壁的色彩。昆虫的体壁通常具有不同的色彩，因色彩形成方式不同可分为以下 3 类。

①色素色又称化学色，是昆虫着色的基本形式，这类体色是由于虫体一定部位有某些色素化合物的存在造成的，这些化合物可吸收一部分波长的光波，而反射另一部分光波形成各种颜色。色素色常因昆虫死亡或经有机溶剂处理而消失。

②结构色又称物理色，是由于昆虫体壁上有极薄的蜡层、刻点、沟缝或鳞片等细微结构，使光波发生折射、反射或干涉而产生的各种颜色。这类色彩一般不会因昆虫死亡或经有机溶剂处理而变色或褪色。

③结合色又称合成色，这是一种昆虫普遍具有的色彩，它是由色素色和物理色混合而成的。如蝶类的翅，既有色素色，也有能够产生色彩的脊纹。

（4）体壁与药剂防治的关系。由于昆虫体壁的特殊结构，特别是蜡层、护蜡层和外长物的存在，对杀虫剂的进入有阻碍作用。不同种类及不同发育期的昆虫，其体壁的厚度、软硬和被覆物多少也不一致，例如，甲虫的体壁比较坚硬，鳞翅目幼虫的体壁比较柔软，粉虱、蚜虫和介壳虫体表常被蜡粉，灯蛾和毒蛾幼虫体上有很多长毛等。凡是体壁厚、蜡质多和体毛密的种类，药剂不容易通过。同种昆虫的幼龄期比老龄期体壁薄，尤其是刚蜕皮时由于外表皮尚未形成，药剂比较容易透入体内。昆虫身体的不同部位体壁的厚度也不一样，一般节间膜、侧膜、跗节、微孔道、气门、感觉器官等处体壁较薄，药剂容易进入体内。同一种药物，乳剂的效果比可湿性粉剂的效果高。这些因素都是用药剂时必须考虑的。常见昆虫的形态特征（触角、口器、足、翅及尾须）见表 2–1–1。

表2-1-1 常见昆虫目的形态特征（触角、口器、足、翅及尾须）

目名	口器	口式	翅（有、无）	翅（质地）	触角	尾须	变态类型	其他
膜翅目	咀嚼式或嚼吸式	下口式或前口式	有	膜翅	丝状、念珠状、棒状、膝状、栉齿状	无	全变态或复变态	
双翅目	刺吸式、舐吸式或切吸式	下口式	有	前翅膜质，后翅特化为平衡棒	线状、羽状、环毛状、具芒状	无	全变态或复变态	
鞘翅目	咀嚼式	下口式或前口式	有	前翅鞘翅，后翅膜质	丝状、膝状、念珠状、棒状、锤状、锯齿状、栉状、鳃叶状	无	全变态或复变态	
缨翅目	锉吸式	下口式	有	缨翅	丝状	无	过渐变态	跗节 1~2 节，端部有泡
同翅目	刺吸式	后口式	有	前翅覆翅或膜质，后翅膜翅	刚毛状或丝状	无	渐变态或过渐变态	口器由头的后方生出；多数前胸背板小；中胸发达

（续表）

目名	口器	口式	翅（有、无）	翅（质地）	触角	尾须	变态类型	其他
半翅目	刺吸式	后口式	有	前翅半鞘翅，后翅膜翅	丝状	无	渐变态	口器由头的前方生出；前胸背板发达；中胸小盾片发达
直翅目	咀嚼式	下口式，少数前口式	有	前翅覆翅，后翅膜翅	丝状、剑状、槌状	1对，不分节	渐变态	前胸背板发达；后足为跳跃足，或前足为开掘式；雌虫产卵器通常发达，呈刀状、剑状或锥状
脉翅目	咀嚼式	下口式	有	膜翅	丝状、念珠状、棒状、锯齿状、栉状	无	全变态或复变态	纵脉在翅的边缘分叉；前后翅形状相似，脉纹网状

昆虫体躯结构

昆虫主要科目检索表

昆虫分类图谱

二、材料工具及教学场所准备

1. **工具**

昆虫针插标本、放大镜、笔、记录单、标签等。

2. **材料**

各种昆虫活体（鳞翅目、鞘翅目、同翅目、膜翅目等）10头。

3. **教学场所**

实验室或实训室。

三、人员准备

人员分组，每组5人。明确职责分工。

任务角色	任务内容
组长：	任务：
组员1：	任务：
组员2：	任务：
组员3：	任务：
组员4：	任务：

任务筹划

一、内容筹划

1. **观察各种昆虫的体段**

用放大镜观察蝗虫体躯：观察触角、眼（复眼、单眼）、口器、足、翅及气门、听器、尾须、雌雄外生殖器等的形态与着生位置。

知识点：昆虫属于节肢动物门中的昆虫纲。其体躯分节，即由一系列的体节组成，有些体节上具有分节的附肢，节肢动物由此而得名，整个身体被有几丁质的外骨骼，神经系统位于身体的腹面，循环系统位于身体的背面。昆虫成虫体躯分为头、胸、腹3个体段；头部有口器，1对触角，还有1对复眼和0~3个单眼；胸部有3对胸足，通常有翅2对；腹部多由9~11节腹节组成，包藏着生殖系统和大部分内脏器官，无行动附肢，末端具有由附肢特化的外生殖器。

2. **观察各种昆虫的触角**

对比观察不同种类昆虫的触角，辨识触角不同类型。

3. 观察各种昆虫的口器

（1）观察咀嚼式口器，注意其上下唇、上下颚及舌的构造和特征。

（2）观察刺吸式口器。

昆虫体躯结构直翅目展翅结构

二、方法筹划

1. 针插标本观察法

将虫体放置在蜡盘内，借助放大镜进行观察，主要观察昆虫翅、足、口器及触角类型。

2. 玻片标本观察法

包括昆虫附器的观察。显微镜下观察微小昆虫形态特征，如缨翅目，蓟马等。

三、流程筹划

（1）按要求选择并确定观察对象。

（2）按照要点识别昆虫特征。

（3）完成观察。

（4）记录各部位特点，包括头式、触角、口器、足、翅、有无尾须等。

（5）生成形态特征统计表，标注序号。

（6）列表比较 10 种昆虫前足、中足、后足的类型，触角的类型和口器的类型。

任务实施

步骤一：

步骤二：

步骤三：

步骤四：

步骤五：

步骤六：

步骤七：

任务评价

工作任务完成过程评价表

班级：＿＿＿＿＿＿＿＿ 组别：＿＿＿＿＿＿＿＿ 姓名：＿＿＿＿＿＿＿＿

<table>
<tr><th>项目</th><th colspan="2">评分标准</th><th>自我评价</th><th>小组评价</th><th>教师评价</th></tr>
<tr><td rowspan="3">野外观察
（30分）</td><td colspan="2">按要求采集观察的对象（10分）</td><td></td><td></td><td></td></tr>
<tr><td colspan="2">观察数不少于10头（10分）</td><td></td><td></td><td></td></tr>
<tr><td colspan="2">有详细野外采集数据记录（10分）</td><td></td><td></td><td></td></tr>
<tr><td rowspan="2">昆虫附器
切片观察
（20分）</td><td colspan="2">正确使用显微镜（10分）</td><td></td><td></td><td></td></tr>
<tr><td colspan="2">正确判断口器、足的特征及类型（10分）</td><td></td><td></td><td></td></tr>
<tr><td rowspan="5">昆虫附器
类型识别
（50分）</td><td colspan="2">昆虫头部特征识别正确（10分）</td><td></td><td></td><td></td></tr>
<tr><td colspan="2">昆虫胸部特征识别正确（10分）</td><td></td><td></td><td></td></tr>
<tr><td colspan="2">昆虫腹部特征识别正确（10分）</td><td></td><td></td><td></td></tr>
<tr><td colspan="2">昆虫体壁特征识别正确（10分）</td><td></td><td></td><td></td></tr>
<tr><td colspan="2">正确鉴定昆虫种类（10分）</td><td></td><td></td><td></td></tr>
<tr><td colspan="3">合计</td><td></td><td></td><td></td></tr>
<tr><td colspan="2">自我评价与总结</td><td colspan="4"></td></tr>
<tr><td colspan="2">教师点评</td><td colspan="4"></td></tr>
</table>

任务二　昆虫生物学特性的观察

任务导入

昆虫生物学是研究昆虫个体发育过程中各种生命现象和特点的科学，主要包括昆虫的生殖、生长发育（胚胎发育、胚后发育）、生命周期（世代）、生活年史、生活习性和行为等方面。掌握昆虫的生物学特性，不仅是研究昆虫分类和进化的基础，而且对于害虫的防治和益虫的利用有着重要的实践意义。

任务工单

班级:____________ 姓名:____________ 学号:____________

任务名称	昆虫生物学特性的观察
任务描述	根据实际情况，填写本任务的内容、目的、流程和方法。 任务内容:____________ ____________。 任务目的:____________ ____________。 任务流程:____________ ____________。 任务方法:____________ ____________。
获取信息	要完成任务，需要掌握相关的知识。请收集资料，回答以下问题。 1. 昆虫生殖方式有哪些? 2. 昆虫各生长发育时期分别具有哪些特点? 3. 昆虫所谓世代及年生活史指什么? 4. 昆虫主要习性有哪些? 5. 昆虫行为由哪些因素诱发? 是否与信息激素有关?

（续表）

<table>
<tr><td>制订计划</td><td colspan="6"></td></tr>
<tr><td rowspan="6">任务实施</td><td colspan="6">按照预先制订的工作计划，完成本任务，并记录任务实施过程。</td></tr>
<tr><td>序号</td><td colspan="2">完成的任务</td><td colspan="2">遇到的问题</td><td>解决办法</td></tr>
<tr><td></td><td colspan="2"></td><td colspan="2"></td><td></td></tr>
<tr><td></td><td colspan="2"></td><td colspan="2"></td><td></td></tr>
<tr><td></td><td colspan="2"></td><td colspan="2"></td><td></td></tr>
<tr><td></td><td colspan="2"></td><td colspan="2"></td><td></td></tr>
<tr><td rowspan="11">任务评价</td><td colspan="6">评价表</td></tr>
<tr><td>项目</td><td>评价内容</td><td>分值</td><td>自评</td><td>互评</td><td>师评</td></tr>
<tr><td rowspan="5">知识技能</td><td>昆虫生活史标本的观察</td><td>15</td><td></td><td></td><td></td></tr>
<tr><td>昆虫幼虫的种类鉴定</td><td>15</td><td></td><td></td><td></td></tr>
<tr><td>昆虫行为习性的观察与分析</td><td>10</td><td></td><td></td><td></td></tr>
<tr><td>准确鉴定并进行生活史特征分析</td><td>15</td><td></td><td></td><td></td></tr>
<tr><td>熟悉昆虫龄期的判断方法</td><td>15</td><td></td><td></td><td></td></tr>
<tr><td>任务质量</td><td>完成草地昆虫常见种的生物学特征观察与描述</td><td>15</td><td></td><td></td><td></td></tr>
<tr><td>素养表现</td><td>通过小组讨论与自学，利用信息化教学资源、互联网等完成任务（5分）
认真思考，积极动手，动脑（5分）
积极参与小组合作与交流，配合默契，共同完成（5分）</td><td>15</td><td></td><td></td><td></td></tr>
<tr><td>总评</td><td colspan="5"></td></tr>
<tr><td colspan="6"></td></tr>
<tr><td colspan="2">自我评价与总结</td><td colspan="5"></td></tr>
<tr><td colspan="2">教师评价</td><td colspan="5"></td></tr>
</table>

任务准备

一、知识准备

1. 昆虫的生殖方式

昆虫的生殖方式多种多样，主要有以下几种类型。

（1）两性生殖。两性生殖是昆虫最普遍的一种繁殖方式。大多数昆虫为雌雄异体，两性生殖是通过雌雄交配后，精子与卵结合产生受精卵并发育成新个体。

（2）孤雌生殖。孤雌生殖是卵不经过受精就发育成新个体的生殖方式，又称单性生殖。通常有 3 种形式。

偶发性孤雌生殖：在大多数情况下进行两性生殖，偶尔出现孤雌生殖。如蛾类中的家蚕，就能进行偶发性孤雌生殖。

经常性孤雌生殖：孤雌生殖是一种正常生殖方式。如膜翅目的蜜蜂，雌蜂产两种卵：受精卵和未受精卵，受精卵发育成雌蜂，未受精的卵发育成雄蜂。

周期性孤雌生殖：指两性生殖与孤雌生殖随季节变迁而交替进行。此类生殖方式主要存在于蚜虫和瘿蜂中。许多蚜虫从春季到秋季连续十余代都以孤雌生殖方式繁殖后代，在这段时间几乎完全没有雄蚜；只在冬季将要来临的时候才产生雄蚜，进行雌雄交配，产受精卵越冬。

（3）多胚生殖。多胚生殖是一个卵发育为两个或两个以上胚胎的生殖方式。这种生殖方式多见于寄生性的膜翅目昆虫（如小蜂科、细蜂科、茧蜂科、姬蜂科等类群）。这种生殖方式多与寄生及胎生有关，有的还与孤雌生殖有关。寄生蜂产的卵既可有受精卵，又可有非受精卵，前者发育成雌蜂，后者发育成雄蜂。多胚生殖是寄生性昆虫对寻找寄主困难的适应，它可以充分利用营养物质繁殖大量后代，增加生存机会。

（4）胎生。蚜虫、麻蝇、寄生蝇和鞘翅目的一些种类，卵在母体内孵化，母体直接产出幼体的生殖方式称胎生。但昆虫的胎生和哺乳动物的不同，它们不在母体子宫内发育，靠母体供给营养，而是在母体生殖道内靠卵自身的卵黄营养，故称“卵胎生”。卵胎生是对卵的一种保护方式。

（5）幼体生殖。幼体生殖是指昆虫还在幼体阶段就能生殖，产生后代。幼体生殖的昆虫都属于全变态类，但它在幼体生殖阶段无卵期和成虫期，有的甚至无蛹期，所以完成一个世代所需的时间很短。幼体生殖同时也是孤雌生殖，所以有利于扩大分布和在不良环境下保持种群生存。

2. 昆虫的生长发育

昆虫的生长发育，指从受精卵开始至成虫性成熟能交配产生下一代。它可以分为两个阶段：第一阶段称为胚胎发育，它是在卵内完成的，所以又称卵内发育，至孵化为止。第二阶段称胚后发育，这是从卵孵化开始至成虫性成熟为止，它包括幼虫期、蛹期和成虫期。

（1）变态及其类型。在胚后发育中，从幼期转变为成虫过程中外部形态及内部生理结构发生变化的现象，称为变态。昆虫的变态可分为增节变态、表变态（或称无变态）、原变态、不全变态和全变态 5 种类型。增节变态、表变态分别是最原始和比较原始的变态类型，为无翅亚纲昆虫所具有。原变态是有翅亚纲昆虫中最原始的变态类型，仅为蜉蝣目昆虫所具有。不全变态和全变态是昆虫最主要的变态类型（图 2–2–1、图 2–2–2）。

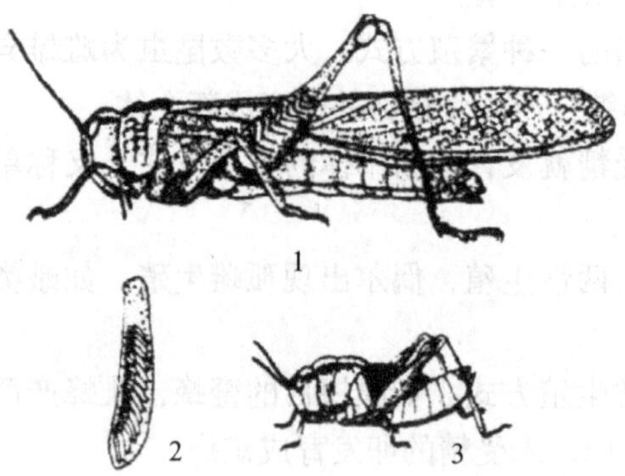

注：1. 成虫；2. 卵；3. 若虫。

图2–2–1　不完全变态

（张学哲，2005. 作物病虫害防治）

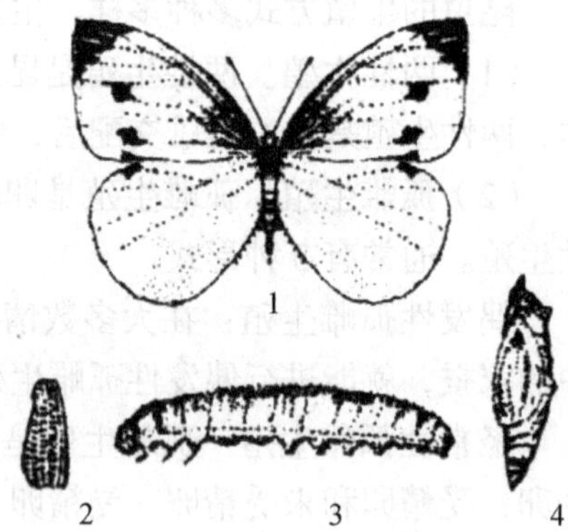

注：1. 成虫；2. 卵；3. 若虫；4. 蛹。

图2–2–2　完全变态

（张学哲，2005. 作物病虫害防治）

（2）昆虫的个体发育。

①卵期。卵期是个体发育的第一阶段，指卵从母体产下至孵化出幼体所经历的时期。卵期的长短，根据昆虫的种类和不同气候条件而异，有的仅数小时便可孵化，有的数天，有的数十天，越冬卵可长达几个月。

②幼虫期。胚胎发育结束后，幼虫或若虫破卵壳而出的过程叫孵化。从孵化开始到蛹（全变态昆虫）或成虫（不全变态昆虫）之前的整个发育阶段称为幼虫期（不全变态昆虫也称为若虫期）。幼虫期是昆虫大量取食生长时期，大多数害虫以幼虫期为害植物最甚，而多数天敌昆虫也在幼虫期捕食或寄生于害虫。幼虫期一般 15~20 d，长的达几个月甚至 2 年，北美一种蝉的若虫在土中生活长达 13~17 年之久。

③蛹期。蛹期是全变态类幼虫向成虫转化的过渡阶段。末龄幼虫（常称为老熟幼虫）蜕皮变为蛹的过程称为化蛹。老熟幼虫在化蛹前，首先要停止取食，寻找适当化蛹场所，很多昆虫在这时吐丝作茧或营土室等。此后，幼虫就不再活动，身体显著缩短，这个阶段为前蛹期。这个时期幼虫的表皮已部分脱落，成虫的翅和附肢等翻出体外，体型也已改变，但仍被前蛹期的表皮（末龄幼虫表皮）所掩盖。从化蛹到成虫羽化所经历的时间称为蛹期。因种类不同和气候条件的差异，蛹期也不相同，自数天至数月不等。

④成虫期。成虫期是昆虫生命的最后阶段，是昆虫的生殖时期，其主要任务是交配、产卵、繁殖后代。完全变态类的蛹蜕皮或不完全变态类的若虫脱掉最后一次

皮变为成虫的过程，称为羽化。成虫从羽化起直到死亡所经历的时间称为成虫期。

（3）昆虫的世代及年生活史。一个新个体无论是卵或幼虫，自离开母体开始，到性成熟产生后代为止的个体发育史叫一个世代。一种昆虫在一年中的发育史，叫年生活史，指从当年越冬虫态开始活动起，到第二年越冬结束止的发育过程。

（4）昆虫的主要习性。昆虫的习性包括昆虫的活动和行为，了解和掌握昆虫的主要习性，对于害虫的防治是十分重要的。

①休眠与滞育。在昆虫年生活史中，常出现或长或短的生长发育和生殖停滞的现象，这实际上是对外界不良环境条件的一种高度适应。但这种现象从生理上可区别为两种不同的情况，即休眠与滞育。

②活动的昼夜节律。昆虫活动的昼夜节律是指昆虫的活动随着昼夜的变化，有一定节奏性的变化规律。绝大多数昆虫的活动，如取食、交配、飞翔等均有它的昼夜节律。如蝴蝶、蜻蜓白天活动，称为日出性昆虫；绝大多数蛾类夜间活动，称为夜出性昆虫；有些昆虫如蚊子在黄昏或黎明时活动，称为弱光性昆虫。昆虫的昼夜节律是受体内具有时钟性能的生理机制所控制的，这种控制机制也被称为“生物钟”。

③食性。不同种类的昆虫，对食料的要求不一样。按其食物的性质和来源，昆虫的食性可以分为植食性、肉食性、杂食性和腐食性。

④趋性和假死性。昆虫的趋性是指昆虫对某种外部刺激，如光、温及某些化学物质所产生的定向运动。这些运动带有一定的强迫性，有的为趋向刺激来源（正趋性），有的为回避刺激来源（负趋性）。根据刺激源的种类可以分为趋光性、趋温性、趋化性等。如大多数蛾类、蝼蛄、金龟甲及叶蝉、飞虱对灯光（特别是短波光线）有正趋性。假死性是指昆虫受到某种刺激或震动时，身体蜷缩，静止不动，或从停留处跌落下来呈假死状态，稍停片刻即恢复正常活动的现象。利用某些昆虫的假死性，可采用震落法捕杀害虫或采集昆虫标本。

⑤群集性。昆虫的群集性是指同种昆虫的大量个体高密度地聚集在一起，许多昆虫都具有这种习性。

⑥扩散与迁飞。扩散是指昆虫个体经常的或偶然的、小范围内的分散或集中活动。扩散现象常发生在某个种群遇到不适宜的环境条件，如当食料条件恶化时，便可扩散转移到相邻的条件较好的植株上或新地块的植株上。迁飞通常是指某些昆虫季节性地从一个发生地长距离转迁到另一个发生地的习性。目前已发现有不少重要害虫具有迁飞的特性，如东亚飞蝗、黏虫、小地老虎、甜菜夜蛾、褐飞虱、黑尾叶蝉、多种蚜虫等。

⑦拟态和保护色。拟态是指一种动物“模拟”其他生物的姿态，得以保护自己的现象。保护色是指一些昆虫的体色与其周围环境的颜色相似，以不被天敌发现的现象。有些昆虫既有保护色，又有与背景形成鲜明对照的体色，称为警戒色，更有利于保护自己。如蓝目天蛾，其前翅颜色与树皮相似，后翅颜色鲜明并有类似脊椎动物眼睛的斑纹，当遇到其他动物袭击时，前翅突然展开，露出后翅上的眼斑，将袭击者吓跑。

有些昆虫既有保护色，又能配合自己的体型和环境背景，保护自己。如枯叶蛾的成虫体色和体型与枯叶极为相似，因而不易被袭击者发现。

二、材料工具及教学场所准备

在实验室或者实训室进行。准备捕虫网、昆虫不同时期标本、玻璃柜、显微镜、摄像机、照相机、手机、笔、记录单等。

三、人员准备

人员分组，每组5人。明确职责分工。

任务角色	任务内容
组长：	任务：
组员1：	任务：
组员2：	任务：
组员3：	任务：
组员4：	任务：

任务筹划

一、内容筹划

1. 变态类型观察

比较观察完全变态和不完全变态昆虫生活史标本的主要区别。

（1）不完全变态：具有3个虫态，即卵期、幼虫期、成虫期，无蛹期。

（2）完全变态：具有4个虫态，即卵期、幼虫期、蛹期、成虫期，比不完全变态多一个蛹期。幼虫与成虫在形态和生活习性上完全不同。属于此类的昆虫占大多数，主要有鞘翅目、鳞翅目、膜翅目、双翅目等昆虫。

2. 卵的观察

观察各种供实验昆虫的卵粒形态、卵块特点。

（1）卵的结构：昆虫的卵是一个大型细胞，最外面包着一层坚硬的卵壳，表面常有特殊的刻纹；其下为一层薄膜，称卵黄膜，里面包有大量的营养物质——原生质、卵黄和卵核。卵的顶端有一至几个小孔，是精子进入卵子的通道，称为卵孔或精孔。卵孔附近区域常有放射状、菊花状等刻纹，可作为鉴别不同虫种卵的依据之一。

（2）卵的形状及产卵方式：卵的形状一般为长茄形、袋形、半球形、长卵形、球形、篓形、椭圆形、桶形、长椭圆形、肾形、有柄形等。昆虫卵的大小种间差异很大，较大者如蝗卵，长 6~7 mm，赤眼蜂的卵则很小，长度仅有 0.02~0.03 mm。

3. 若虫的观察（不完全变态）

观察比较蝗虫、有翅蚜虫等若虫与成虫在形态上的异同，注意翅芽的形态。

4. 幼虫的观察（完全变态）

观察鳞翅目、鞘翅目部分昆虫幼虫与成虫的区别，注意幼虫所属类型及其特征。

完全变态昆虫的幼虫，由于其对生活环境长期适应的结果，在形态上发生了很大变化。根据足的有无和数目的多少，可将幼虫分为原足型、无足型、寡足型和多足型 4 类。

（1）原足型：很像一个发育不完全的胚胎，腹部分节或不分节，胸足和其他附肢处有几个突起，口器发育不全，不能独立生活。如寄生蜂的早龄幼虫。

（2）无足型：幼虫完全无足。多生活在食物易得的场所，行动和感觉器退化。根据头的发育程度又可分为有头无足型、半头无足型、无头无足型。

（3）寡足型：幼虫只具有 3 对发达的胸足，无腹足，头发达，咀嚼式口器。有的行动敏捷，如步甲、瓢虫、草蛉及金针虫的幼虫；有的行动迟缓，如金龟甲的幼虫蛴螬等。

（4）多足型：幼虫除具有 3 对胸足外，还有腹足。头发达，咀嚼式口器，腹足的数目随种类不同而异。

5. 蛹的观察

观察鳞翅目、鞘翅目、膜翅目不同种类昆虫蛹的形态，注意所属类型及其特征。

6. 性二型及多型现象的观察

观察如棉蚜、蓑蛾等成虫的性二型及多型现象。

二、流程筹划

（1）按要求采集和选择观察对象。

（2）按照要点观察其生物学特性：如变态类型，幼虫类型，蛹的类型等。

（3）完成观察。

（4）记录不同虫期及其形态特点。

（5）昆虫生物学特性的进一步探索与总结。

（6）任务考核评价。

三、方法筹划

（1）采集昆虫及选择同种昆虫不同时期的标本。

（2）上网查阅资料观察昆虫生殖方式。

（3）将昆虫养殖在玻璃柜中观察昆虫的主要习性。

（4）拍照或摄像记录观察昆虫的生物学特性。

（5）利用显微镜对昆虫标本进行观察。

（6）对观察结果进行记录并进行分析。

（7）得出结论。

任务实施

步骤一：

步骤二：

步骤三：

步骤四：

步骤五：

步骤六：

步骤七：

任务评价

工作任务完成过程评价表

班级:________________ 组别:________________ 姓名:________________

<table>
<tr><th>项目</th><th>评分标准</th><th>自我评价</th><th>小组评价</th><th>教师评价</th></tr>
<tr><td rowspan="3">生活史标本观察（30分）</td><td>显微镜实验步骤合理（10分）</td><td></td><td></td><td></td></tr>
<tr><td>分析变态类型及特点（10分）</td><td></td><td></td><td></td></tr>
<tr><td>操作安全（10分）</td><td></td><td></td><td></td></tr>
<tr><td rowspan="3">行为习性调查（30分）</td><td>蝗虫的行为习性（10分）</td><td></td><td></td><td></td></tr>
<tr><td>毒蛾的行为习性（10分）</td><td></td><td></td><td></td></tr>
<tr><td>蝼蛄的行为习性（10分）</td><td></td><td></td><td></td></tr>
<tr><td rowspan="5">活动完成过程（30分）</td><td>能够根据工作任务资料，分析并制订工作计划（5分）</td><td></td><td></td><td></td></tr>
<tr><td>认真思考，积极动手，动脑（5分）</td><td></td><td></td><td></td></tr>
<tr><td>积极参与小组合作与交流，配合默契，互帮互助（5分）</td><td></td><td></td><td></td></tr>
<tr><td>通过小组讨论与再学习完成工作任务（5分）</td><td></td><td></td><td></td></tr>
<tr><td>具有认真严谨的科学态度（10分）</td><td></td><td></td><td></td></tr>
<tr><td>活动效果（10分）</td><td>整体的效果（很好为10分；较好为7~9分；一般为3~6分；较差为0~2分）</td><td></td><td></td><td></td></tr>
<tr><td colspan="2">合计</td><td></td><td></td><td></td></tr>
<tr><td colspan="2">自我评价与总结</td><td colspan="3"></td></tr>
<tr><td colspan="2">教师点评</td><td colspan="3"></td></tr>
</table>

任务三　草原地下害虫的识别

任务导入

草原地下害虫是指在草原地下活动和繁衍的一类害虫，包括地下害虫的幼虫、卵和成虫等。这些害虫为害较为隐蔽，但其危害也是显著的。地下害虫主要以植物的根部、块茎等为食，造成植物生长不良，甚至死亡，对草原植被的生长和更新有严重影响。一些地下害虫还会寄生在家畜的体内，导致家畜生长发育迟缓，产量下降，严重时甚至危及生命。草原地下害虫的发生对草原生态系统和农业生产造成了不小的影响。了解草原地下害虫的发生规律并采取相应的防治措施对维护草原生态平衡和提高草原的产草能力非常重要。

任务工单

班级：＿＿＿＿＿＿＿＿　姓名：＿＿＿＿＿＿＿＿　学号：＿＿＿＿＿＿＿＿

任务名称	草原地下害虫的识别
任务描述	根据实际情况，填写本任务的内容、目的、流程和方法。 任务内容：＿＿＿＿＿＿＿＿＿＿＿＿＿＿＿＿＿＿＿＿。 任务目的：＿＿＿＿＿＿＿＿＿＿＿＿＿＿＿＿＿＿＿＿。 任务流程：＿＿＿＿＿＿＿＿＿＿＿＿＿＿＿＿＿＿＿＿。 任务方法：＿＿＿＿＿＿＿＿＿＿＿＿＿＿＿＿＿＿＿＿。
获取信息	要完成任务，需要掌握相关的知识。请收集资料，回答以下问题。 1. 草原地下害虫种类有哪些？ 2. 草原地下害虫各个虫期的为害特点有何不同？ 3. 识别草原地下害虫的内容应该包括什么？ 4. 识别草原地下害虫的意义是什么？

（续表）

<table>
<tr><td>获取信息</td><td colspan="6">5. 对统计结果如何分析？</td></tr>
<tr><td>制订计划</td><td colspan="6"></td></tr>
<tr><td rowspan="6">任务实施</td><td colspan="6">按照预先制订的工作计划，完成本任务，并记录任务实施过程。</td></tr>
<tr><td>序号</td><td>完成的任务</td><td colspan="2">遇到的问题</td><td colspan="2">解决办法</td></tr>
<tr><td></td><td></td><td colspan="2"></td><td colspan="2"></td></tr>
<tr><td></td><td></td><td colspan="2"></td><td colspan="2"></td></tr>
<tr><td></td><td></td><td colspan="2"></td><td colspan="2"></td></tr>
<tr><td></td><td></td><td colspan="2"></td><td colspan="2"></td></tr>
<tr><td rowspan="13">任务评价</td><td colspan="6">评价表</td></tr>
<tr><td>项目</td><td>评价内容</td><td>分值</td><td>自评</td><td>互评</td><td>师评</td></tr>
<tr><td rowspan="5">知识技能</td><td>害虫选择涵盖各个时期</td><td>15</td><td></td><td></td><td></td></tr>
<tr><td>正确识别草地害虫</td><td>15</td><td></td><td></td><td></td></tr>
<tr><td>科学利用各类互联网完成识别工作</td><td>10</td><td></td><td></td><td></td></tr>
<tr><td>实验过程有计划、有记录</td><td>15</td><td></td><td></td><td></td></tr>
<tr><td>识别分析方法、结果正确</td><td>15</td><td></td><td></td><td></td></tr>
<tr><td>任务质量</td><td>按技术规范完成调查及数据记录</td><td>15</td><td></td><td></td><td></td></tr>
<tr><td rowspan="3">素养表现</td><td>通过小组讨论与自学，利用信息化教学资源、互联网等完成工作任务</td><td>5</td><td></td><td></td><td></td></tr>
<tr><td>认真思考，积极动手，动脑</td><td>5</td><td></td><td></td><td></td></tr>
<tr><td>积极参与小组合作与交流，配合默契，共同完成</td><td>5</td><td></td><td></td><td></td></tr>
<tr><td>总评</td><td colspan="5"></td></tr>
<tr><td colspan="2">自我评价与总结</td><td colspan="5"></td></tr>
<tr><td colspan="2">教师评价</td><td colspan="5"></td></tr>
</table>

任务准备

一、知识准备

（一）地下害虫的为害特点

地下害虫又称根部害虫，主要为害幼苗和一、二年生草的根部或近地面部分。分布广、食性杂、为害重，常造成缺苗断垄，地上部分叶片枯黄，甚至植株死亡。发生时间长，为害较隐蔽，防治困难。

（二）地下害虫概述

由于南北地区差异和侧重不同，学习掌握的重点可根据地区需要加以选择确定。建议结合实习实训和生产实际识别本地区发生普遍而且严重的各种害虫，了解其为害习性，掌握各种防治措施的技术要点，熟悉防治实施过程。

草地地下害虫主要包括蛴螬、金针虫、地老虎、蝼蛄、根蚜、根蛆、根象甲、根叶甲、蟋蟀、白蚁等10多类。在我国北方地区以蛴螬、金针虫、蝼蛄、地老虎4类为主，发生面积广，为害程度重，是地下害虫中常发性、灾害性类群。

地下害虫是害虫防治工作中的难点，由于它们栖息于土壤中，一般的防治方法对它们很难奏效，而它们的破坏作用往往是最严重的，造成植株枯死而完全失去价值。在草坪中也同样为害草坪草，使草坪草死亡而形成难看的秃斑，大大降低了草坪的使用价值，有时甚至使草坪完全破坏，不得不重播。其中，为害最严重的是地老虎、蛴螬和蝼蛄。

（三）地下害虫分类讲解

1. 蝼蛄类

（1）分类：直翅目蝼蛄科，前足为开掘式。

（2）为害特点：以若虫和成虫咬食幼苗的根茎（主要在苗床中为害幼苗）。同时，蝼蛄在表土活动时，造成纵横隧道，使幼苗与土壤分离而死亡。

（3）种类：蝼蛄属直翅目蝼蛄科，是为害草坪的常见地下害虫。全世界约有40种，在我国有记载的有6种。常见种类有华北蝼蛄（分布于北纬32° 度以北地区）、非洲蝼蛄（遍及全国）。蝼蛄是世界性地下害虫，在土壤中咬食刚播种和发芽的草坪草种子，或把根及嫩茎、匍匐枝咬断，根茎部受害后呈乱麻状，使植株发育不良或干枯失水而死，造成缺苗；另外，由于蝼蛄在近地面活动时，会在土壤表层挖掘隧道，咬断根或根周围的土壤，使根系吊空，进而使幼苗和土壤分离，造成植株干枯而死，发生数量多时，可造成草坪大面积枯萎死亡。

2. 蛴螬类

（1）分类：鞘翅目金龟甲总科幼虫的总称。金龟甲按其食性可分为植食性、粪食性、腐食性3类。植食性种类中以鳃金龟科和丽金龟科的一些种类发生最普遍，为害最重。

（2）为害特点：杂食性。幼虫终生栖居土中，喜食刚刚播下的种子、根、块根、块茎及幼苗等，造成缺苗断垄。成虫则喜食果树、林木的叶和花器。蛴螬是一类分布广，为害重的害虫。

（3）形态特征：蛴螬体肥大弯曲近“C”形，体大多白色，有的黄白色。体壁较柔软，多皱。体表疏生细毛。头大而圆，多为黄褐色，或红褐色，生有左右对称的刚毛，常为分种的特征。胸足 3 对，一般后足较长。腹部 10 节，第 10 节称为臀节，其上生有刺毛，其数目和排列也是分种的重要特征。

3. 地老虎

（1）分类：鳞翅目夜蛾科切根夜蛾亚科的害虫，又名地蚕、切根虫，是我国重要的地下害虫，也是世界性大害虫。种类多、分布广、数量大、为害严重。我国已发现有 170 多种。各地的地老虎都是几种混合发生的。

（2）形态特征：小地老虎幼虫体形稍扁，黄褐色至黑褐色，体表粗糙，满布龟裂状的皱纹和黑色微小颗粒。黄地老虎幼虫体形常呈圆筒形，体色变化较大，黄褐色，有光泽，有的背线、亚背线、气门线暗色，表皮多皱纹，颗粒不显。大地老虎幼虫体黄褐色，体表多皱纹，微小颗粒不明显。

（3）为害特点：低龄幼虫将叶片啃成孔洞、缺刻，大龄幼虫白天潜伏于草坪草根部的土中，傍晚和夜间切断草坪草近地面的茎部，致使其整株死亡，发生数量多时，往往会使草坪大片光秃。

4. 金针虫类

（1）分类：鞘翅目叩头虫科幼虫的总称。

（2）形态特征：叩甲科（Elateridae）体狭长，两侧平行；前胸背板后角锐刺状，前胸腹板突长刺状，伸入中胸腹板的凹窝内；后胸腹板上无横沟；前胸和鞘翅相接处凹入，跗节 5 节。成虫被捉时能不断叩头，企图逃跑，故名叩头甲。背面向下时能反弹跳起。幼虫圆柱形，略扁，黄至黄褐色，体壁光滑、坚韧，称为金针虫。头部和腹部末节特别坚硬，蜕裂线呈倒“凸”字形。胸足短，4 节，腹部 10 节，有尾突，气门二孔式。生活在土壤中，取食植物的根、块茎、幼苗及播下的种子，是农业的主要害虫之一，对草场、禾谷类作物、块根、块茎等危害极大。全世界有 10 000 多种，我国已知约 700 种。常见害虫有沟叩头甲［*Pleonomus canaliculatus*（Faldermann）］、细胸叩头甲（*Agriotes fusicollis* Miwa）等。

地下昆虫类群

（3）为害特点：幼虫能咬食刚播下的种子，食害胚乳使其不能发芽，如已出苗则可为害须根、主根和茎的地下部分，使幼苗枯死。主根受害部不整齐，还能蛀入块茎和块根。

二、材料工具及教学场所准备

在实验室或实训室进行。准备捕虫网、昆虫不同时期标本、玻璃柜、显微镜、摄像机、照相机、手机、笔、记录单等。

三、人员准备

人员分组，每组 5 人。明确职责分工。

任务角色	任务内容
组长：	任务：
组员 1：	任务：
组员 2：	任务：
组员 3：	任务：
组员 4：	任务：

任务筹划

一、内容筹划

1. 掌握昆虫各虫态形态特征

学会区分完全变态和不完全变态，为进一步识别害虫，掌握分类打下基础。

2. 掌握地下害虫类群的变态类型

比较观察完全变态和不完全变态昆虫生活史标本的主要区别。

3. 卵的观察

观察各种供实验的地下昆虫的卵粒形态、卵块特点。

4. 若虫的观察（不完全变态）

观察比较蝼蛄类若虫与成虫在形态上的异同，注意翅芽的形态。

5. 幼虫的观察（完全变态）

观察鳞翅目、鞘翅目地下害虫昆虫幼虫与成虫的区别，注意幼虫所属类型及其特征。完全变态昆虫的幼虫，由于其对生活环境长期适应的结果，在形态上发生了很大变化。根据足的有无和数目的多少，可将幼虫分为原足型、无足型、寡足型和多足型 4 类。

6. 蛹的观察

观察鳞翅目、鞘翅目、直翅目不同种类害虫蛹的形态，注意所属类型及其特征。

二、流程筹划

一般采用标本对地下害虫的各个时期进行观察。

（1）按要求采集和选择观察对象。

（2）按照分类要点观察地下害虫的形态特征。

（3）记录地下昆虫不同虫期形态特征及活动特点等。
（4）检索鉴定地下害虫形态特征，并列表。
（5）任务考核评价。

三、方法筹划

（1）采集地下害虫及选择同一种类不同时期的标本。
（2）上网查阅资料了解地下害虫种类。
（3）利用放大镜等观察地下害虫的形态特征。
（4）拍照或摄像记录地下害虫的形态特征。
（5）利用显微镜对昆虫标本进行观察。
（6）对观察结果进行记录并进行分析。
（7）得出结论。

任务实施

步骤一：
步骤二：
步骤三：
步骤四：
步骤五：
步骤六：
步骤七：

任务评价

工作任务完成过程评价表

班级：________________　组别：________________　姓名：________________

项目	评分标准	自我评价	小组评价	教师评价
地下昆虫标本观察（30分）	显微镜实验步骤合理（10分）			
	观察结果准确（10分）			
	操作安全（10分）			
地下害虫生物学特性调查（30分）	蝼蛄的为害特点（10分）			
	地老虎幼虫期特点（10分）			
	蛴螬幼虫期特点（10分）			

（续表）

项目	评分标准	自我评价	小组评价	教师评价
活动完成过程（30分）	能够根据工作任务资料，分析并制订工作计划（5分）			
	认真思考，积极动手，动脑（5分）			
	积极参与小组合作与交流，配合默契，互帮互助（5分）			
	通过小组讨论与再学习完成工作任务（5分）			
	具有认真严谨的科学态度（10分）			
活动效果（10分）	整体的效果（很好为10分；较好为7~9分；一般为3~6分；较差为0~2分）			
合计				
自我评价与总结				
教师点评				

任务四　天然草地害虫的识别

任务导入

天然草地害虫涵盖了大部分害虫类群，是昆虫识别的重要部分，在草地生态系统中具有重要的地位。天然草地是许多动植物物种的栖息地和繁殖地，而病虫害的出现可能会导致草地质量下降，生物多样性减少，生态系统平衡遭到破坏，进而对畜牧业及相关产业造成负面影响。为避免以上情况的发生，就需要掌握常见害虫种类，并对其发生发展定期监测。综上所述，认识天然草地害虫，识别和鉴定常见种类是非常关键的。

任务工单

班级：____________　姓名：____________　学号：____________

任务名称	天然草地害虫的识别
任务描述	根据实际情况，填写本任务的内容、目的、流程和方法。 任务内容：____________________。 任务目的：____________________。 任务流程：____________________。 任务方法：____________________。
获取信息	要完成任务，需要掌握相关的知识。请收集资料，回答以下问题。 1. 天然草地害虫种类有哪些？ 2. 不同种类的草地害虫有什么特征？ 3. 识别天然草地害虫的内容应该包括什么？ 4. 识别天然草地害虫的意义是什么？

（续表）

<table>
<tr><td>获取信息</td><td>5. 对统计结果如何分析？</td></tr>
<tr><td>制订计划</td><td></td></tr>
<tr><td>任务实施</td><td>按照预先制订的工作计划，完成本任务，并记录任务实施过程。
<table>
<tr><th>序号</th><th>完成的任务</th><th>遇到的问题</th><th>解决办法</th></tr>
<tr><td></td><td></td><td></td><td></td></tr>
<tr><td></td><td></td><td></td><td></td></tr>
<tr><td></td><td></td><td></td><td></td></tr>
<tr><td></td><td></td><td></td><td></td></tr>
</table></td></tr>
<tr><td>任务评价</td><td>
<table>
<tr><th colspan="6">评价表</th></tr>
<tr><th>项目</th><th>评价内容</th><th>分值</th><th>自评</th><th>互评</th><th>师评</th></tr>
<tr><td rowspan="5">知识技能</td><td>害虫选择涵盖各个时期</td><td>15</td><td></td><td></td><td></td></tr>
<tr><td>选择正确的为害期虫态</td><td>15</td><td></td><td></td><td></td></tr>
<tr><td>科学利用各类互联网完成识别工作</td><td>10</td><td></td><td></td><td></td></tr>
<tr><td>实验过程有计划、有记录</td><td>15</td><td></td><td></td><td></td></tr>
<tr><td>识别分析方法、结果正确</td><td>15</td><td></td><td></td><td></td></tr>
<tr><td>任务质量</td><td>按技术规范完成调查及数据记录</td><td>15</td><td></td><td></td><td></td></tr>
<tr><td rowspan="3">素养表现</td><td>通过小组讨论与自学，利用信息化教学资源、互联网等完成工作任务</td><td rowspan="3">15</td><td></td><td></td><td></td></tr>
<tr><td>认真思考，积极动手，动脑</td><td></td><td></td><td></td></tr>
<tr><td>积极参与小组合作与交流，配合默契，共同完成</td><td></td><td></td><td></td></tr>
<tr><td>总评</td><td></td><td></td><td></td><td></td><td></td></tr>
</table></td></tr>
</table>

（续表）

自我评价与总结	
教师评价	

任务准备

一、知识准备

（一）蝗虫类

蝗虫属直翅目蝗总科的害虫，种类多、分布广、食性杂。平原、山地和牧区、农区、半农半牧区等都有不同程度的分布。其中东亚飞蝗是我国历史上的一大害虫，曾给农牧业生产造成巨大损失。草原蝗虫主要分布在我国十大牧区，多发生在荒漠草原、山地草原、高山草原、草甸草原、盆地和滨湖洼地、沼泽草甸等生境。由于各地区环境条件的差异，蝗虫的种类及发生规律也不同，一般为多种混合发生。

1. 分布与危害

飞蝗（*Locusta migratoria* L.）属直翅目蝗科，在我国有东亚飞蝗（*Locusta migratoriamu-nilensis* Meyen）、亚洲飞蝗（*Locusta migratoria migratoria* L.）和西藏飞蝗（*Locusta migrato-riatibetensis* Chen）3 个亚种，其中我国北方草原以亚洲飞蝗为主。亚洲飞蝗在国外分布于土耳其、伊朗、阿富汗、俄罗斯、哈萨克斯坦、乌兹别克斯坦、吉尔吉斯斯坦、土库曼斯坦、乌克兰、欧洲南部、蒙古国、朝鲜、日本北部；在国内分布于新疆、青海、宁夏、内蒙古及东北三省和甘肃的河西走廊，以蒙新高原的低洼地区为主要发生区。在新疆主要分布在沿湖（博斯腾湖、艾比湖、乌伦古湖）或河流两岸及沼泽芦苇丛生的地带（如额尔济斯河、玛纳斯河、伊犁河及塔里木河）。主要以禾本科和莎草科的作物及杂草为食，其中最喜食芦苇、稗、红草、玉米、小麦等植物。一般不喜食双子叶植物，仅在饥饿时取食，但对其发育有影响，使之不能完成生活史或不能产卵。成虫咬食叶片和嫩茎，从叶缘吃成缺刻甚至蚕食全叶或咬食嫩穗，严重时将大面积植株吃成光秆。

2. 形态特征

（1）群居型：头部较宽，复眼较大。前胸背板略短，沟前区明显缩狭，沟后区较宽平；中隆线较平直；前缘近圆形，后缘呈钝圆形。前翅较长，远超过腹部末端。后足胫节淡黄色。体呈黑褐色且较固定。前翅长：雄性 43~55 mm，雌性 53~61 mm。后足腿节长：雄性 21~26 mm，雌性 24~31 mm。前翅内缘 3~4 枚刺和 15~21 根刚毛；转节内侧有 3 枚刺和 3 根刚毛。中、后足胫节内缘有 3~4 根刚毛；腿节内缘有 6~7 根刚毛；转节内缘有 3 根刚毛。

（2）散居型：头部较狭，复眼较小。前胸背板稍长，沟前区不明显缩狭，沟后区略高，不呈鞍状；中隆线呈弧状隆起，呈屋脊形；前缘为锐角形向前突出，后缘呈直角形。前翅较短，略超过腹部末端。后足胫节常为淡红色。体色常随环境的变化而改变，一般呈绿色或黄绿色、灰褐色等。前翅长：雄性 43~55 mm，雌性 53~60 mm。后足腿节长：雄性 22~26 mm，雌性 27~31 mm。

（3）中间型：也称转变型、过渡型。头部缩狭不明显，复眼大小介于群居型和散居型之间。前胸背板沟后区较高，略呈鞍形。前翅超过腹部末端较多或略超过。

所有类型的卵囊均为褐玫瑰色，长筒状，略弯曲，长 50~75 mm。顶部是卵囊盖，上部 1/5 或更长部分为海绵状胶质物，下部斜排着卵粒，卵粒 55~115 粒，一般排成 4 排，卵粒间胶质黏结。卵粒黄褐色，长 7~8 mm，呈香蕉状。

（二）草原毛虫类

1. 分布与危害

草原毛虫又名红头黑毛虫、草原毒蛾，属鳞翅目毒蛾科。草原毛虫是我国青藏高原牧区的重要害虫，发生在海拔 3 000~5 000 m 的高山草原，主要分布在青海、甘肃、西藏、四川等省（自治区）。在青海、西藏、甘肃大量为害的是青海草原毛虫（*Gynaephora qinghaiensis* Chou et Ying），尚有金黄草原毛虫（*Gynaephora aureata* Chou et Ying）混合发生；在四川阿坝地区发生的是若尔盖草原毛虫（*Gynaephora ruoergensis* Chou et Ying）和小草原毛虫（*Gynaephora minora* Chou et Ying）。草原毛虫主要以幼虫取食为害莎草科、禾本科、豆科、蓼科、蔷薇科等各科牧草，影响牧草生长，造成牧草产量降低，严重阻碍草地畜牧业的可持续发展。

2. 形态特征

（1）成虫。雌雄异型。雄蛾体长为 24~27 mm，体黑色，背部有黄色细毛，头部较小，前后翅均发达，3 对足均发达。雌蛾体呈长圆形，较扁，体长约为 8~14 mm，宽 5~9 mm，头部甚小，黑色。雌蛾的 3 对足较短小，黑色，不能行走，前后翅退化，不能飞行，仅能用身体蠕动

（2）卵。乳白色，直径 1.3 mm 左右，上端中央凹陷，呈浅褐色，接近孵化时，颜色逐渐变暗。

（3）幼虫。老熟幼虫体长 22 mm 左右，体黑色，密生黑色长毛，头部红色，腹部第 6、第 7 节的中背腺突起，呈鲜黄色或火红色。

（4）蛹。雌雄异型。雄蛹椭圆形，长 7.6~10.2 mm，宽 3.8~5.1 mm，背部密生灰黑色细长毛，腹部背面有 3 条淡黄色结晶状腺体，腹部末端尖细。雌蛹纺锤形，长 9.5~14.1 mm，宽 4.6~7.1 mm，全身比较光滑，深黑色，背部具有稀疏的灰黑色毛。雄蛹茧长 12.0~15.7 mm，宽 6.8~8.3 mm，椭圆形，灰黑色。雌蛹茧长 14.5~19.5 mm，宽 7.5~11.3 mm。

（三）草地螟

1. 分布与危害

草地螟（*Loxostege sticticalis* L.）又称黄绿条螟、甜菜网螟等，属鳞翅目螟蛾科。分布于欧洲、亚洲大陆和北美洲的草原及接近草原地带的平原；我国主要分布于东北、西北、华北、内蒙古等地。草地螟主要以幼虫为害藜科、蓼科、豆科、茄科、葫芦科、十字花科、伞形花科、锦葵科、莎草科、亚麻科、大麻科、百合科、蔷薇科、旋花科、禾本科等48个科近300种植物。嗜好甜菜和豆科作物，但在食物缺乏时可为害杨、柳、榆等树木。初龄幼虫取食叶肉，残留表皮薄壁，3龄后可食尽叶片。食物缺乏时，可成群迁移。该虫在我国北方普遍发生。食性广，可为害多种草坪禾草，初孵幼虫取食幼叶的叶肉，残留表皮，并常在植株上结网躲藏，在草坪上称为“草皮网虫”，3龄后食量大增，可将叶片吃成缺刻、孔洞，使草坪失去应有的色泽、质地、密度和均匀性，甚至造成光秃，降低了观赏和使用价值。

2. 形态

成虫体较细长，9~12 mm，全体灰褐色；前翅灰褐色至暗褐色，中央稍近前缘有1个近似长方形的淡黄或淡褐色斑，翅外缘黄白色，并有1串淡黄色小点组成的条纹；后翅黄褐色或灰色，沿外缘有2条平行的黑色波状纹。老熟幼虫体长16~25 mm；头部黑色，有明显的白斑；前胸盾黑色，有3条黄色纵纹；胸腹部黄褐色或灰绿色，有明显的暗色纵带间黄绿色波状纹；体上毛瘤显著，外围有2个同心黄色环。

（四）叶甲类

叶甲是北方草地暴发性的重要害虫类群，属鞘翅目叶甲科。主要有草原叶甲（*Geina invenusta* Jacobson）、阔胫萤叶甲［*Pallasiola absinthii* Pallas］、红柳粗角萤叶甲（*Diorhabda clongata desertieoca* Chen.）、沙蒿金叶甲（*Chrysolina aeruginosa* Fald.）、白茨粗角萤叶甲（*Diorhabda rybakowi* Weise）、脊萤叶甲（*Theone silphoides* Dalman）、愈纹萤叶甲（*Galeruca reichardti* Jacobson）、沙葱萤叶甲（*Galeruca daurica* Joannis）。草原叶甲分布于青海高山草原。阔胫萤叶甲分布在甘肃、内蒙古、新疆、吉林、辽宁等省（自治区）的山地荒漠草地，为害驴驴蒿、合头草、珠芽蓼等。沙蒿金叶甲分布于西藏、青海、甘肃、内蒙古、宁夏、吉林等省（自治区），是宁夏和内蒙古西部草原为害沙蒿的专食性害虫。成虫取食沙蒿的生长点，使植株不能正常生长，形成“鸟巢”状丛生点。幼虫啃食新生和再生叶片，造成断叶、缺刻或整株枯干。白茨粗角萤叶甲分布于新疆、内蒙古、甘肃、青海、陕西等省（自治区），是西北荒漠草原为害白茨的害虫。该虫为寡食性，以成、幼虫取食白茨的叶、幼芽、嫩枝及果实，造成缺刻、断叶、断梢、伤果等，发生严重时，可吃光整个叶片、嫩梢，造成白茨灌丛一片灰白，来年成片死亡。阿尔泰秃跗叶甲、脊萤叶甲分布在新疆荒漠草地，主要为害蒿属植物。成虫取食蒿草的生

天然草地、草坪草低飞、地面昆虫类群

长点，使植株不能正常生长，幼虫啃食新生叶片及嫩茎，造成断叶或整株干枯。沙葱萤叶甲分布在内蒙古、新疆和甘肃等省（自治区），成虫和幼虫均能为害，但主要以幼虫为害沙葱、多根葱、野韭等百合科葱属牧草的叶部，严重时会啃食茎部，将牧草地上部分啃食一光。该虫从2009年开始在内蒙古草原上突然大面积暴发成灾，呈现逐年加重的趋势。

二、材料工具及教学场所准备

在实验室或者实训室进行。准备捕虫网、昆虫不同时期标本、玻璃柜、显微镜、摄像机、照相机、手机、笔、记录单等。

三、人员准备

人员分组，每组5人。明确职责分工。

任务角色	任务内容
组长：	任务：
组员1：	任务：
组员2：	任务：
组员3：	任务：
组员4：	任务：

任务筹划

一、内容筹划

（1）掌握天然草地害虫各虫态形态特征。

（2）掌握天然草地害虫类群的变态类型观察。比较观察完全变态和不完全变态昆虫生活史标本的主要区别。

（3）卵的观察。观察各种供实验的天然草地害虫即蝗虫、草地螟、玉米螟、草地毛虫等昆虫的卵粒形态、卵块特点。

（4）观察不同昆虫幼虫（若虫），掌握其为害期形态特征。

（5）观察成虫形态特征。观察天然草地害虫（蝗虫、夜蛾、毒蛾、叶甲等）的成虫形态，完成分类鉴定。

二、流程筹划

一般采用标本对天然草地害虫的各个时期进行观察。

(1)按要求采集和选择观察对象。

(2)按照分类要点观察天然草地害虫的形态特征。

(3)记录天然草地昆虫不同虫期形态特征及活动特点等。

(4)检索鉴定天然草地害虫形态特征，并列表。

(5)任务考核评价。

三、方法筹划

(1)采集天然草地害虫及选择同一种类不同时期的标本。

(2)上网查阅资料了解天然草地害虫种类。

(3)利用放大镜等观察天然草地害虫的形态特征。

(4)拍照或摄像记录天然草地害虫的形态特征。

(5)利用显微镜对昆虫标本进行观察。

(6)对观察结果进行记录并进行分析。

(7)得出结论。

任务实施

步骤一：

步骤二：

步骤三：

步骤四：

步骤五：

步骤六：

步骤七：

任务评价

工作任务完成过程评价表

班级：________ 组别：________ 姓名：________

项目	评分标准	自我评价	小组评价	教师评价
标本采集(30分)	工具的正确使用(10分)			
	活虫鉴定(10分)			
	操作安全(10分)			

（续表）

项目	评分标准	自我评价	小组评价	教师评价
标本鉴定（30）分	识别常见种（10分）			
	标本鉴定（10分）			
	记录与修正（10分）			
任务完成过程（30分）	能够根据工作任务资料，分析并制订工作计划（5分）			
	认真思考，积极动手，动脑（5分）			
	积极参与小组合作与交流，配合默契，互帮互助（5分）			
	通过小组讨论与再学习完成工作任务（5分）			
	具有认真严谨的科学态度（10分）			
任务效果（10分）	整体的效果（很好为10分；较好为7~9分；一般为3~6分；较差为0~2分）			
合计				
自我评价与总结				
教师点评				

项目检测

请扫描右侧二维码答题。

项目三 识别啮齿动物

项目导读

啮齿动物识别对于草地鼠害防治具有重要意义，啮齿动物在生态系统中扮演着重要的角色，它们是许多其他动物的食物来源，对于维持生态平衡起着重要作用。识别啮齿动物有助于了解它们在生态系统中的作用和生态关系。啮齿动物是生物多样性的一部分，它们的存在和分布对于整个生态系统的健康和稳定至关重要。识别啮齿动物有助于保护生物多样性，同时对制定相关的草地有害生物防治方案奠定基础。

啮齿动物对草业、林业及农业造成损害，识别它们的种类是防治的基础和关键，总之，啮齿动物识别对于生态保护、疾病控制、科学研究等多个方面都具有重要意义。

【知识目标】

1. 明确形态、种类识别的目的和内容。
2. 了解草地啮齿动物的基本知识。
3. 掌握啮齿动物外部形态结构。
4. 掌握啮齿动物头骨结构、臼齿咀嚼面形状及齿式。
5. 能够掌握青海各地区主要草地啮齿动物类群。
6. 了解啮齿动物形态结构与生境的关系。

【技能目标】

1. 掌握啮齿动物剥制标本制作方法。
2. 掌握种类鉴定方法。

【素质目标】

1. 通过观察动物的外貌、特征、行为等方面，培养观察力和敏锐度。

2. 学习和了解不同种类啮齿动物的形态特征、习性等知识，拓宽知识面。

3. 分析和比较不同种类之间的差异和相似之处，提高分析问题的能力。

4. 通过动物种类识别鉴定，提高对自然世界的认识和理解，培养对科学和自然的兴趣。

【思政目标】

1. 专注力：集中注意力在动物的细节和特征上，提高专注力和集中精力的能力。

2. 耐心和细心：识别鉴定需要耐心和细心地观察，培养耐心和细致的工作态度。

3. 自然保护意识：了解啮齿动物的生态习性和保护需求，增强对自然环境和生物多样性的保护意识。

任务一　观测啮齿类动物外部形态及头骨

任务导入

啮齿动物是指动物界脊索动物门哺乳动物纲啮齿目和兔形目动物，它们之所以被称为啮齿动物主要因其终生生长的门齿，啮齿动物需要通过不停地啃啮来保证门齿不因过长而影响取食。啮齿动物的体躯结构包括头、颈、躯干、尾和四肢，分类鉴定中要特别注意其头骨的结构（图 3-1-1）、牙齿的数量、牙齿咀嚼面形状等分类要素。通过啮齿动物形态的识别鉴定，可以在一定程度上掌握其年龄、性别的特征辨别。

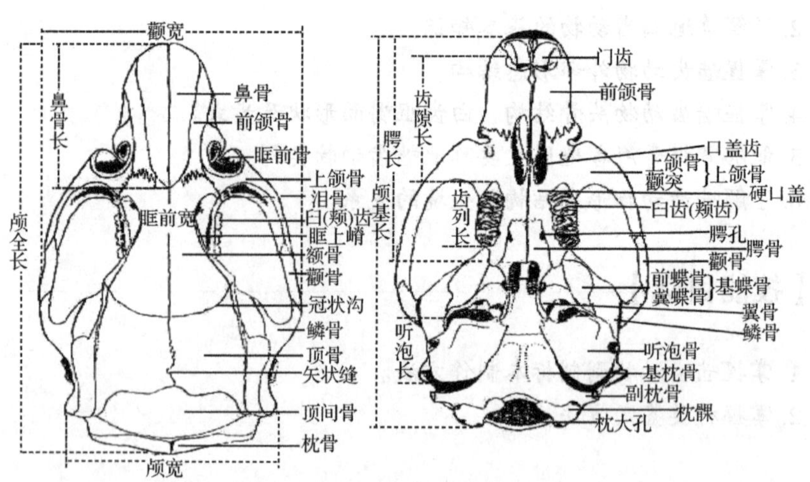

图3-1-1　啮齿动物头骨图示

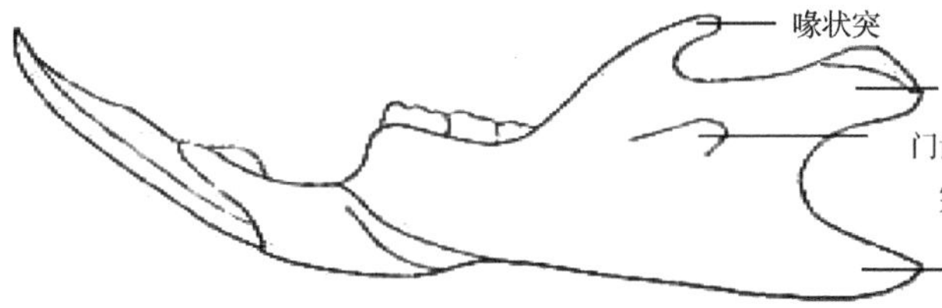

图3-1-1　啮齿动物头骨图示（续）

任务工单

班级：＿＿＿＿＿＿＿＿　姓名：＿＿＿＿＿＿＿＿　学号：＿＿＿＿＿＿＿＿

任务名称	观测啮齿类动物外部形态及头骨
任务描述	根据图 3-1-1 所示，填写本任务的内容、目的、流程和方法。 任务内容：＿＿＿＿＿＿＿＿＿＿＿＿＿＿。 任务目的：＿＿＿＿＿＿＿＿＿＿＿＿＿＿。 任务流程：＿＿＿＿＿＿＿＿＿＿＿＿＿＿。 任务方法：＿＿＿＿＿＿＿＿＿＿＿＿＿＿。
获取信息	要完成任务，需要掌握相关的知识。请收集资料，回答以下问题。 1. 什么是啮齿动物？啮齿的由来是什么？ 2. 啮齿动物体躯结构应包含几部分？ 3. 啮齿动物外部形态特征与生境、生活习性有无联系？ 4. 啮齿动物的牙齿数量与咀嚼面形态也可以作为分类依据吗？ 5. 头骨结构解析？

（续表）

<table>
<tr><td>制订计划</td><td></td></tr>
<tr><td>任务实施</td><td>按照预先制订的工作计划，完成本任务，并记录任务实施过程。
<table>
<tr><th>序号</th><th>完成的任务</th><th>遇到的问题</th><th>解决办法</th></tr>
<tr><td></td><td></td><td></td><td></td></tr>
<tr><td></td><td></td><td></td><td></td></tr>
<tr><td></td><td></td><td></td><td></td></tr>
<tr><td></td><td></td><td></td><td></td></tr>
</table></td></tr>
<tr><td>任务评价</td><td>
<table>
<tr><th colspan="6">评价表</th></tr>
<tr><th>项目</th><th>评价内容</th><th>分值</th><th>自评</th><th>互评</th><th>师评</th></tr>
<tr><td rowspan="5">知识技能</td><td>外部形态观察与描述</td><td>10</td><td></td><td></td><td></td></tr>
<tr><td>完成标本外形测量</td><td>10</td><td></td><td></td><td></td></tr>
<tr><td>掌握头骨结构</td><td>10</td><td></td><td></td><td></td></tr>
<tr><td>完成标本头骨测量</td><td>10</td><td></td><td></td><td></td></tr>
<tr><td>解析生境、生活习性对啮齿类形态的影响</td><td>10</td><td></td><td></td><td></td></tr>
<tr><td>任务进度</td><td>完成上述全部任务（10分）；完成观察与测量（7分）；完成部分测量（5分）</td><td>10</td><td></td><td></td><td></td></tr>
<tr><td>任务质量</td><td>外形描述正确；数据测量准确无误；头骨结构完全掌握；准确描述形态与生活习性的关联</td><td>10</td><td></td><td></td><td></td></tr>
<tr><td>素养表现</td><td>团结协作、科学严谨、认真务实、善于学习</td><td>15</td><td></td><td></td><td></td></tr>
<tr><td>思政表现</td><td>在过程中发挥精益求精的精神</td><td>15</td><td></td><td></td><td></td></tr>
</table></td></tr>
</table>

任务准备

一、知识准备

1. 啮齿动物基本认识

啮齿动物是指哺乳纲中的啮齿目和兔形目的动物。图3-1-2所示为啮齿动物（喜马拉雅旱獭）。

图3-1-2　喜马拉雅旱獭

基本特征如下。

（1）啮齿动物外形多鼠形。

（2）无犬齿，有齿隙。

（3）听泡发达。

（4）双子宫，生殖孔和排泄孔分开。

（5）一般具有发达的盲肠。

2. 体躯结构

躯体分为头、颈、躯干、尾和四肢等。

（1）头。包括感觉器官和摄食器官。

①眼和耳形态因种类而异，并与其生境和生态习性密切相关。

②耳为重要的分类特征之一。

③地下鼠耳退化，眼也极度退化；生活在开阔地带的黄鼠、跳鼠眼则很发达。

（2）颈。陆生脊椎动物特征，能使头部灵活转动，绝大多数种类具有7个颈椎骨。

（3）躯干。

①占据身体绝大部分，其中包含全部内脏。

②有乳头、阴茎、腹部末端开孔数等雌雄两性特征。

（4）尾。

①尾部形态因种类不同变化很大。

②尾上是否有被毛、鳞片、尾的形状、大小等均为主要特征。

（5）四肢。

①前后肢趾的数量因种而异。

②爪的发达程度与生活方式密切相关（如营地下生活的鼢鼠，其爪十分强健）。

③掌中及趾两侧被毛的稀疏与生境相关。

（6）毛被和毛色。全身均具毛，有3种：绒毛，短而密柔软；针毛，扁长针状；触毛，坚硬粗疏（仅豪猪科动物具棘毛）。啮齿动物种类多、分布广、适应性强，不同种类或不同季节毛色差异甚大，故毛色是啮齿动物重要鉴别特征。

（7）头骨和牙齿。牙齿：牙齿分化为门齿、前臼齿、臼齿。犬齿虚位：啮齿动物没有犬齿，门齿与前臼齿之间有一宽阔的间隙。门齿无齿根，终生生长；门齿的颜色、前缘表面有无纵沟、齿尖后缘有无缺刻都为分类依据。臼齿数不超过6枚，臼齿咀嚼面有多种结构和形状。

二、材料工具及教学场所准备

1. 工具

电子秤、皮尺、检索表、瓷盘、一次性医用手套、口罩、工作服、纸、笔、放大镜等。

2. 材料

试验活鼠、啮齿动物剥制标本、头骨标本。

3. 教学场所

实验室或实训室。

三、人员准备

人员分组，每组 5 人。明确职责分工。

任务角色	任务内容
组长：	任务：
组员 1：	任务：
组员 2：	任务：
组员 3：	任务：
组员 4：	任务：

任务筹划

一、内容筹划

1. 外形测量

（1）测量体长：吻端至肛门直线距离。

（2）测量尾长：肛门至尾端（尾端毛不计）。

（3）测量耳长：耳孔下缘至耳顶端直线距离。

（4）测量后足长：足跟至最长脚趾末端

（5）测量时注意位置的选择以及准确度，为保证数据的准确性需测量三次，保留小数点后一位。

2. 头骨测量

参考图 3-1-3。

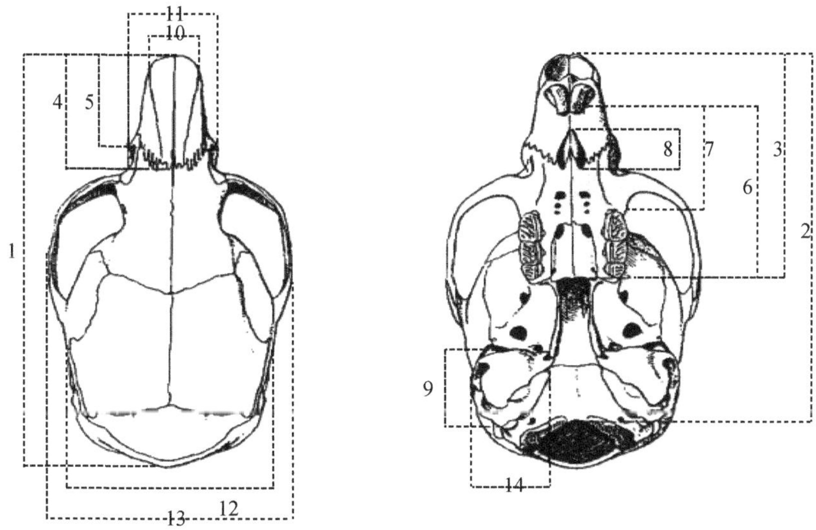

1. 颅全长；2. 颅基长；3. 口盖长；4. 鼻骨长；5. 吻长；6. 腭长；7. 齿隙长；8. 门齿孔长；
9. 听泡长；10. 鼻骨宽；11. 吻宽；12. 后头宽；13. 颧宽；14. 听泡宽。

图3–1–3　啮齿动物头部测量示意图

（1）颅全长：自头骨前端最突出处到头骨后部最突出处的直线距离。
（2）颅基长：从前颌骨前端（上门齿前缘）到枕髁后缘。
（3）口盖长：从中间门齿齿槽前缘到腭部后缘（不包括棘突在内）的最短距离。
（4）鼻骨长：鼻骨的最大长度。
（5）吻长：自吻端部至框下孔。
（6）腭长：从上门齿中间齿槽后缘至腭部后缘（不包括棘突）的最短距离。
（7）齿隙长：门齿后缘至颊齿前缘之间的长度。
（8）门齿孔长：门齿孔的最大长度。
（9）听泡长：听泡的最大长度。
（10）鼻骨宽：鼻骨最宽处的直线距离。
（11）吻宽：左右齿隙外基部间的直线距离。
（12）后头宽：头骨后部（脑颅部分）的最大宽度。
（13）颧宽：左右颧弓外缘的最大宽度。
（14）听泡宽：听泡的最大宽度。

3. 牙齿的测量

因生活习性不同，哺乳动物牙齿的形状和数目均有很大差异，但齿型和齿数同一种内是稳定的。

$$齿式=\frac{（上）门齿·犬齿·前臼齿·臼齿}{（下）门齿·犬齿·前臼齿·臼齿}$$

实验要求准确找到臼齿、前臼齿，明确齿数同时观察咀嚼面形状及齿面，注意是否出现缺刻、纵沟等。门齿的颜色（黄色、白色、橙色），前缘表面有无纵沟，齿后缘有无缺刻，以及上颌骨所形成的角度（垂直或前倾）等都可作为分类的依据，需要在实验中重点关注。

啮齿动物形态结构

常见啮齿动物的测量

二、方法筹划

1. 原理

啮齿动物物种繁多，它们无论在体型、毛色、形态上，还是在生态适应特点和行为习性上，无论是在地理分布和栖息密度上，还是在与人类的益、害关系和我们的管理对策上均千差万别。只有准确地识别，才能查清不同地区的啮齿动物组成，掌握其分布、活动特点和行为习性；才能弄清其数量动态，准确地监测和预报害情；才能制定合理的管理对策和开展有效的防治；才能不断地、科学地总结经验，合理地推广研究成果；才能制订规划，因地制宜地推动各地区和全国的综合治理工作。

2. 方法

分类鉴定工作是鼠害防治工作的重要基础。识别动物的方法很多，可分为直接识别与间接识别两大类。

（1）直接识别：是根据遇见或捕获的活动物，或者获得的动物尸体，以及剥制的标本、皮张、动物骨骼等实物进行种类鉴定；直接识别可得到较可靠的结论，是识别的主要方法。

（2）间接识别：则是根据这些动物的巢穴、粪便、取食和其他活动的各种痕迹等，判断某地区的某种环境中有什么动物生存。间接识别也是野外考察中不可缺少的一环，它要求工作人员必须熟悉工作地区的动物种类及其形态、栖息环境和活动特点，并有较丰富的观察和识别各种痕迹的经验。其准确度相对较低，因此，在必要时须捕捉一定数量的动物，进行直接识别，以验证用间接识别方法取得的结论是否可靠。

三、流程筹划

（1）外形测量。

（2）头骨测量。

（3）牙齿测量。

（4）测量数据的记录与整理。

（5）分类检索。

任务实施

步骤一：
步骤二：
步骤三：
步骤四：
步骤五：
步骤六：
步骤七：

任务评价

工作任务完成过程评价表

班级：________________　组别：________________　姓名：________________

项目	评分标准	自我评价	小组评价	教师评价
观察啮齿动物体躯结构（30分）	实验准备（10分）			
	得到观察结果（10分）			
	操作安全（10分）			
观察啮齿动物头骨结构（30）分	颅骨（15分）			
	下颌骨（5分）			
	牙齿（10分）			
活动完成过程（30分）	能够根据工作任务资料，分析并制订工作计划（5分）			
	认真思考，积极动手，动脑（5分）			
	积极参与小组合作与交流，配合默契，互帮互助（5分）			
	通过小组讨论与再学习完成工作任务（5分）			
	具有认真严谨的科学态度（10分）			
活动效果（10分）	整体的效果（很好为10分；较好为7~9分；一般为3~6分；较差为0~2分）			
合计				

（续表）

自我评价与总结	
教师点评	

任务二　制作啮齿动物剥制标本

任务导入

为进一步了解啮齿动物外部形态特征及头骨结构，学会通过观察头骨、牙齿、外部形态等进行种类鉴定；掌握啮齿动物性别鉴别方法，需要掌握并完成啮齿动物标本制作的方法，注意制作方法及注意事项。

任务工单

班级:____________　姓名:____________　学号:____________

任务名称	制作啮齿动物剥制标本
任务描述	根据实际情况，填写本任务的内容、目的、流程和方法。 任务内容:________________________________ ________________________________。 任务目的:________________________________ ________________________________。 任务流程:________________________________ ________________________________。 任务方法:________________________________ ________________________________。
获取信息	要完成任务，需要掌握相关的知识。请收集资料，回答以下问题。 1. 标本制作的注意事项有哪些? 2. 消毒、防腐药剂的配制与使用方法有哪些? 3. 标本制作的目的是?
制订计划	

（续表）

<table>
<tr><td rowspan="6">任务实施</td><td colspan="4">按照预先制订的工作计划，完成本任务，并记录任务实施过程。</td></tr>
<tr><td>序号</td><td>完成的任务</td><td>遇到的问题</td><td>解决办法</td></tr>
<tr><td></td><td></td><td></td><td></td></tr>
<tr><td></td><td></td><td></td><td></td></tr>
<tr><td></td><td></td><td></td><td></td></tr>
<tr><td></td><td></td><td></td><td></td></tr>
<tr><td rowspan="12">任务评价</td><td colspan="6">评价表</td></tr>
<tr><td>项目</td><td>评价内容</td><td>分值</td><td>自评</td><td>互评</td><td>师评</td></tr>
<tr><td rowspan="5">知识技能</td><td>防腐剂的配制</td><td>10</td><td></td><td></td><td></td></tr>
<tr><td>活鼠的灭菌除虫</td><td>10</td><td></td><td></td><td></td></tr>
<tr><td>处死与清洁</td><td>10</td><td></td><td></td><td></td></tr>
<tr><td>完成剥制</td><td>10</td><td></td><td></td><td></td></tr>
<tr><td>制作标签、清理头骨，放置正确的位置</td><td>10</td><td></td><td></td><td></td></tr>
<tr><td>任务进度</td><td>完成上述全部任务（10分）；细节处理不当，顺序错误（7分）；只完成部分任务（5分）</td><td>10</td><td></td><td></td><td></td></tr>
<tr><td>任务质量</td><td>药剂选择与配制无误；按要求以正确的顺序处理和制作标本；标签完整，标本固定方式正确</td><td>10</td><td></td><td></td><td></td></tr>
<tr><td>素养表现</td><td>团结协作、科学严谨、认真务实、善于学习</td><td>15</td><td></td><td></td><td></td></tr>
<tr><td>思政表现</td><td>尊重生命，尊重自然</td><td>15</td><td></td><td></td><td></td></tr>
</table>

任务准备

一、知识准备

1. 鼠科

鼠科是一些小型或中型的鼠类，适应性极强，大都为陆生穴居种类。其主要特征为第 1、第 2 臼齿具有 3 纵列齿突，每 3 个并列的齿突又形成 1 条横嵴；尾较大，毛稀，其上布有鳞片；分布广。

（1）家鼠：第 1、2 上臼齿内侧后端无发达齿突；头骨颅全长大于 28 mm；后足长大于 23 mm；上门齿后端不具缺刻；第 1 上臼齿冠小于第 2、第 3 臼齿冠总和。

（2）社鼠：后足长小于 35 mm；腭骨后缘到或略超过最后上臼齿后缘；背方有针毛；腹方无灰色毛基，其毛为白色；尾基部上下两色，尾末端上下为白色。

（3）针毛鼠：后足长小于 35 mm；腭骨后缘到或略超过最后上臼齿后缘；背方有针毛；腹方无灰色毛基，其毛为白色；尾上下两色，尾末端无白色。

（4）青毛鼠：腹部具灰色毛基，其毛非纯白色，后足长大于 45 mm；背毛青褐色。

（5）褐家鼠：后足长小于 45 mm；体长大于尾长；耳小、厚，前折时达不到眼；颅顶部两侧的颞嵴平行。

2. **仓鼠科**

体型一般较小，少数种类已特化而适应特殊的生活方式，臼齿或具 2 纵列齿尖，或无齿尖而形成多种形式的齿环，具分叉的齿根或无齿根。本科又分为 3 个亚科。

（1）仓鼠亚科。主要是一些营洞穴生活的小型鼠类，腮部有颊囊，尾短，其上均匀被毛，无鳞片，前足 4 趾，后足 5 趾，头骨无明显的棱角，臼齿有齿根，其咀嚼面上有 2 列齿尖，磨损后左右相连成嵴。

①甘肃仓鼠：背毛棕褐色，腹毛灰白色；体长大于 140 mm；尾长大于体长 1/2（约为体长 70%）；尾基部膨大，毛长 7~10 mm，蓬松，尾上下暗褐色。

②大仓鼠：背毛灰褐色；腹毛毛基深灰色，毛尖白色或土黄色；体长大于 140 mm；颅全长大于 33 mm；尾长不超过体长 1/2；尾基部上下灰色，尾尖白色。

③原仓鼠：体长大于 200 mm；身体前部两侧具 3 个淡色斑；腹面黑色或棕黑色；颅基长大于 35 mm。

④黑线毛足鼠：后足下面全部被有密毛；尾短，接近等于后足长；背部具 1 条黑色纵行条纹。

⑤短尾仓鼠：后足下面裸露；体长小于 140 mm；尾长小于体长 1/5；背部不具黑色条纹。

⑥长尾仓鼠：后足下面裸露；体长小于 140 mm；尾长大于体长 1/4；背部不具黑色条纹；胸部、鼠蹊部毛基灰色；尾上下颜色不同；耳边白色。

（2）沙鼠亚科。

①圣柳沙鼠：体型较大，耳较长，头骨的鼻骨不缩短，额骨正常；听泡大，听泡前壁与鳞骨相接触或几相接触上门齿前面有 1 条纵沟；耳长约为后足长 1/2；足掌毛棕色或棕褐色。

②子午沙鼠：腹毛纯白，爪色浅，听泡大，听道口形成小鼓泡；后足掌底完全被毛，中央无狭长裸露区；颅全长小于 36 mm；腹部毛色纯白；爪短而呈浅黄色。

（3）鼢鼠亚科。

①草原鼢鼠：头骨后端在人字嵴处（顶－枕嵴）水平不成截切状，枕骨向后斜伸一段再转向下方，后头宽明显大于后头高；第一上臼齿内侧有 1 个深凹角；

第三上臼齿明显小；门齿孔的1/2~3/4被前颌骨包围，头骨后端自人字嵴处成截面，仅枕骨中部略向后突起；第一上臼齿内侧具1个内陷角。

②阿尔泰鼢鼠：头骨后端自人字嵴处成截面，枕骨中部略向后突起；第一上臼齿内侧具2个内陷角；尾被短毛。

③东北鼢鼠：头骨后端自人字嵴处成截面，仅枕骨中部略向后突起；第一上臼齿内侧具2个内陷角；尾几乎裸露，仅有稀疏白色被短毛。

④中华鼢鼠：体型大；尾毛稀少，皮肤裸露；鼻垫椭圆形头骨后端自人字嵴不成截面，枕骨向后斜伸一段再转向下方；眼眶边缘突起；颞嵴平行；第三上臼齿内侧具1个内陷角。

3. 松鼠科

松鼠科成员可分为树栖、地下洞栖，夜行性、昼行性。多有较大的眼和或多或少蓬松多毛的尾。地栖的松鼠中包括一些体型较大的土拨鼠（旱獭），大者体重可达8 kg。常见的花鼠介于树栖松鼠和地栖松鼠之间，挖洞穴居，但也常在树上活动。

（1）花鼠：小型松鼠，头前、额部、两耳间为棕黄褐色。耳黄褐色，耳后具淡色斑。体背自耳后起，至臀部具5条棕黑色纵行条纹，其间为4条淡棕黄色条纹间隔。体背后1/3的臀部逐渐为红棕色。体侧及四肢背面为淡棕黄色。腹面淡棕色，毛基灰色。尾上面棕褐色混杂白色；尾下中央棕黄色，两侧黑白色尾长等于或小于体长；体长小于260 mm；上臼齿5枚；眶后突较纤细，眶间区无显著凹陷；背具5条棕褐或棕黑色条纹；鼻骨长大于眶间宽。

（2）明纹花松鼠：背具3条黑色或棕黑色条纹，体侧淡色纹与眼下纹相连；腹面赭黄色。鼻骨长小于眶间宽。

（3）隐纹花松鼠：背具3条黑色或棕黑色条纹；鼻骨长小于眶间宽；体侧淡色纹罕有与眼下纹相连；腹面白色或淡黄色。正中1条为黑色，起于颈后，止于尾基。棕黑色条纹两侧为淡黄白色条纹。最外侧的淡黄色条纹起于口上与眼下之间，通过耳下、颈部，二者相对应，但未连接。

（4）草原旱獭：体毛以灰褐色为主；尾长显著小于体长之半；额部具深褐色额斑（称“帽子”），其后缘不超过两耳基间的连线。背毛灰褐色，不杂黑色。

（5）喜马拉雅旱獭：额部无显著的额斑；背毛黑褐色，杂有黑色和淡棕色；体腹面淡黄色或浅棕色；吻部黑褐色；耳赭棕色；面为淡褐色。

（6）长尾旱獭：尾长小于体长之半。耳壳退化，仅具围绕耳孔小皮褶，不明显伸出毛外。第3趾长于第4趾。第一上臼齿较大。外形适应于地栖。体型大、粗壮，体长大于350 mm，后足长大于60 mm。颅全长大于80 mm。眶间宽大于鼻骨末端至眶后突后缘的额骨中缝长。矢状嵴显著。无颊内囊。

（7）达乌尔黄鼠：尾长小于体长40%；上门齿后缘前颌骨上无明显凹坑；毛杂黑色毛，尾远端毛具棕色、黑色、黄白色环；枕嵴至鼻骨后缘距离大于颧宽。

啮齿动物标本制作规范

二、材料工具及教学场所准备

1. 药剂

樟脑粉、三氧化二砷、明矾、75% 乙醇。

2. 防护用品

医用橡胶手套、医用口罩、白大褂。

3. 工具

剪刀、解剖刀、镊子、培养皿、脱脂棉、针线盒、尺子等。

4. 教学场所

实验室或实训室。

三、人员准备

人员分组，每组 5 人。明确职责分工。

任务角色	任务内容
组长：	任务：
组员 1：	任务：
组员 2：	任务：
组员 3：	任务：
组员 4：	任务：

任务筹划

一、内容筹划

1. 明确注意事项

（1）尽可能选用各种捕鼠笼捕抓活体。

（2）处理野外鼠时应穿戴防疫服装、鞋、袜等。

（3）制作标本前做好各项防护准备。

（4）制作过程中禁止做与实验无关的事。

（5）标本制作完成后严格完成工具清理回收。

2. 防腐药剂配制

（1）三氧化二砷防腐粉。成分包括：三氧化二砷 20%，明矾粉 70%，樟脑粉 10%。配制方法：将药品研磨成粉末后，混合调匀即成。

（2）硼酸防腐粉。成分包括：硼酸 50%，明矾粉 30%，樟脑粉 20%。配制方法：将药品混合调匀即成。

（3）防护：医用橡胶手套、医用口罩、白大褂。

（4）工具：剪刀、解剖刀、镊子、培养皿、脱脂棉、针线盒、尺子等。

3. 掌握标本剥制方法

（1）清洁消毒：放在熏桶内、倒入一定量的乙醚，把体外寄生虫、蚤、螨等熏死或暂时麻醉，然后用昆虫镊或密梳子清拣昆虫（野外捕捉鼠类）。

（2）处死：用断颈法（中小型）处死或粗长针经耳孔刺入延脑深处（大型）处死。

（3）测量：观察毛色；测量体长、耳长、尾长、后足长，外部测量以毫米为单位，取其整数即可；体重称量，以克为单位；性别鉴定、年龄判别。

（4）剥制：摆放（头在右尾在左）→找准切口→腹部→后肢→尾→背部→前肢→颈→头。

（5）防腐：清理皮上残留脂肪，缝补破裂地方；涂抹防腐剂。

（6）填充、缝合：选用比原尾椎长 5~10 cm 竹签或铁丝代替原来的尾椎；前后肢骨上缠绕棉花，与原来肌肉相似即可；用棉花填充头、胸、腹；腹面切口从前到后缝合。

（7）固定：摆正、将毛梳顺，刷干净，将标本俯卧在木板上，分别在前后掌部用大头针固定；放置阴凉处或收入储存柜中。

（8）头骨处理及标签：水煮到能撕下上面的肌肉时取出，挖掉舌、眼球和脑髓并将上面的肌肉清理干净；清洗晒干；在颅骨、下颌骨上标号，系在标本左后肢；填写标签绑在标本右后肢。

4. 标本保存

专柜储存；干燥通风；不同的防腐方法决定鼠类标本保存时间的长短。

二、方法筹划

（1）完成准备资料。收集查阅有关啮齿动物性别判断的方法；调查访问当地啮齿动物群落结构、性别组成和适宜的鼠害防治方法。

（2）做好实验药品的准备。准备消毒、防腐及杀虫杀菌药物，为实验过程中的安全性考虑，药品选择明矾、碘酒、滑石粉、75% 乙醇。

（3）正确抓取与固定小鼠。抓取：习惯用右手者，用右手从笼内将小鼠自尾中部或基部抓住。抓取时须防备其四肢活动，不能只提双耳和双后腿，也不能仅抓腰或提背部皮毛，以免造成耳、肾、腰椎损伤或皮下出血。

（4）完成标本制作。

（5）完成标本的分类鉴定。

（6）掌握正确的储存方法。

三、流程筹划

（1）实验准备。个人防护，防腐、消毒药剂备用。
（2）开展实验。
①鼠体装入密封袋杀虫杀菌
②制作剥制标本
③清理保存柜
④入库保存
（3）完成实验台的消杀与清洁。
（4）实验中产生的内脏等集中处理。
（5）鼠体鉴定。
（6）实验数据整理。

任务实施

步骤一：
步骤二：
步骤三：
步骤四：
步骤五：
步骤六：
步骤七：

任务评价

工作任务完成过程评价表

班级：＿＿＿＿＿＿＿＿　组别：＿＿＿＿＿＿＿＿　姓名：＿＿＿＿＿＿＿＿

项目	评分标准	自我评价	小组评价	教师评价
防腐剂配制（40分）	选择正确的防腐药剂（10分）			
	按比例配制（15分）			
	严格防护，配量适中（15分）			
标本制作（40分）	实验前做好防护及准备工作（15分）			
	剥制方法及顺序正确无误（15分）			
	头骨处干净、完整、无破损（10分）			
标本保存（20分）	左头右标签（10分）			
	固定，整姿（10分）			
合计				

（续表）

自我评价与总结	
教师点评	

项目检测

请扫描右侧二维码答题。

项目四 草地有毒有害植物的识别

项目导读

草地上的植物种类非常丰富，除可供牲畜饲用的牧草外，还生长有一些不为牲畜采食或对牲畜及畜产品构成一定毒害作用的植物。凡体内或不同营养器官内含有生物碱、苷、挥发油、有机酸等化学物质，家畜误食后，能引起生理异常，损害其健康，直接或间接地致使家畜生病甚至死亡，这类植物被称为有毒植物，习惯简称为毒草。在一般情况下有毒植物家畜多不采食，但在严重缺草的枯草季节或大雪封山家畜无喜食牧草采食时，常会因饥饿误食而引起中毒，所以识别草地有毒有害植物也是非常重要的。

【知识目标】

1. 明确有毒有害植物识别的方法。
2. 学习有毒有害植物的形态特征、发生规律。
3. 能通过总结植物分类基础结合有毒有害植物的主要特征及主要类群掌握其毒理作用及分类特点。

【技能目标】

1. 能通过总结植物分类基础结合有毒有害植物的主要特征及主要类群掌握其毒理作用及分类特点。
2. 了解草地有毒有害植物的毒害作用。
3. 调查资料熟悉不同有毒有害植物的防治技术。

【素质目标】

1. 树立安全意识。熟知野外工作安全常识，能保障个人人身安全，同时保护生态环境及生物多样性。

2. 遵守野外工作纪律，能恰当有效地利用时间，有效地计划并实施，按时完成各项任务。

3. 主动承担工作任务及责任，尊重他人及其意见，遵从集体决策，遵守各种行为规范和操作规范。

4. 树立严谨求实的科学态度。

【思政目标】

1. 懂农牧业、爱农牧民、爱农村牧区，做农牧人、干农牧事，增强投身“三农”的自豪感。

2. 能尊重自然、爱护自然，践行人与自然和谐、绿色发展理念，成为具有生态理念、生态情怀和生态技能的生态文明建设者。

3. 生态保护意识、生物多样性是维持生态平衡、促进人与自然和谐发展的重要成分，保护生物多样性，对于人类经济和未来的发展都是极其有利的。

任务一　草地有毒有害植物特征识别

任务导入

草地有毒植物是否对家畜构成毒害不是绝对的。只有在草地上有毒植物达到一定多度，在一定的季节或在植物的某些发育阶段，有毒植物才会对一些家畜产生毒害作用。因此要用动态观念去认识有毒植物，测定中毒量界限，测定构成毒害作用时有毒植物在草群中的多度、频度、重量比重，研究不同家畜种类、不同品种对有毒植物的敏感程度、耐受力及中毒季节，从而采取有效的防治措施，开展对有毒植物的综合利用，变害为利。

任务工单

班级:________________ 姓名:________________ 学号:________________

任务名称	草地有毒有害植物类群识别
任务描述	根据实际情况，填写本任务的内容、目的、流程和方法。 任务内容:________________________________ ________________________________。 任务目的:________________________________ ________________________________。 任务流程:________________________________ ________________________________。

（续表）

<table>
<tr><td>任务描述</td><td colspan="6">任务方法：____。</td></tr>
<tr><td>获取信息</td><td colspan="6">要完成任务，需要掌握相关的知识。请收集资料，回答以下问题。
1. 草地有毒有害植物识别要点是什么？

2. 有毒有害植物特征识别的必要性是什么？

3. 常见有毒草地植物种类有哪些？

4. 不同种类有毒有害植物导致家畜中毒的毒理作用有何不同？与食用量是否有关？</td></tr>
<tr><td>制订计划</td><td colspan="6"></td></tr>
<tr><td rowspan="6">任务实施</td><td colspan="6">按照预先制订的工作计划，完成本任务，并记录任务实施过程。</td></tr>
<tr><td>序号</td><td>完成的任务</td><td colspan="2">遇到的问题</td><td colspan="2">解决办法</td></tr>
<tr><td></td><td></td><td colspan="2"></td><td colspan="2"></td></tr>
<tr><td></td><td></td><td colspan="2"></td><td colspan="2"></td></tr>
<tr><td></td><td></td><td colspan="2"></td><td colspan="2"></td></tr>
<tr><td></td><td></td><td colspan="2"></td><td colspan="2"></td></tr>
<tr><td rowspan="7">任务评价</td><td colspan="6">评价表</td></tr>
<tr><td>项目</td><td>评价内容</td><td>分值</td><td>自评</td><td>互评</td><td>师评</td></tr>
<tr><td rowspan="4">知识技能</td><td>有毒有害植物性状识别</td><td>10</td><td></td><td></td><td></td></tr>
<tr><td>有毒有害植物毒理作用</td><td>15</td><td></td><td></td><td></td></tr>
<tr><td>识别有毒植物</td><td>15</td><td></td><td></td><td></td></tr>
<tr><td>识别有害植物</td><td>10</td><td></td><td></td><td></td></tr>
<tr><td>任务进度</td><td>完成草地有毒有害植物观察与毒理性解析</td><td>10</td><td></td><td></td><td></td></tr>
</table>

（续表）

任务评价	评价表					
	项目	评价内容	分值	自评	互评	师评
	任务质量	有毒有害植物识别是否正确	10			
	素养表现	团结协作、科学严谨、认真务实、善于学习	15			
	思政表现	实验过程中注意保护标本完整性、调查分析关注生物多样性等信息	15			

任务准备

一、知识准备

（一）有毒植物

有毒植物对不同家畜表现出的毒害作用不尽相同。一些对牛羊构成毒害作用的阔叶草，如常见的能引起牛臌胀病的豆科牧草，对猪则不形成毒害。有些植物的毒害作用有季节性，青绿时有毒害作用，枯黄后毒害作用消失或大大减弱，如荨麻（*Urtica fissa*）、山莨菪（*Anisodus tanguticus*）等。此外，能否形成毒害作用，还与家畜采食毒草的数量、有毒物质在家畜体内的滞留量、积累量和家畜自身解毒能力的强弱有关。很多豆科牧草，如沙打旺（*Astragalus laxmannii*）、小冠花（*Coronilla varia*）等，多少都含有一定有毒物质，但少量采食不构成对家畜健康的危害。还有些植物已被人们驯化，成为广泛栽培的优良牧草。如山黧豆属（Lathyrus spp.）的几个种含有氰化物［如山黧豆（*L. quinquenervius*）、香豌豆（*L. odoratus*）、宽叶山黧豆（*L. latifolius*）等］，被认为是累积性中毒植物，其种子人食后也会中毒甚至引起瘫痪，但它们富含蛋白质，可作为高蛋白质饲料开发。目前，国内外在选育低毒山黧豆工作方面已取得成效。如美国与印度合作选育出的 Pusa–24 山黧豆，我国选育出的黑龙江山黧豆，含毒量低，均属安全高蛋白质山黧豆品种。下面列举几种常见的草地有毒植物。

1. 木贼

木贼（*Equisetum hyemale* L.）为多年生常绿草本。根茎横走或直立，黑棕色，节和根有黄棕色长毛。地上茎高达 1m 或更高，中部直径 0.5~0.9 cm，节间长 5~8 cm，绿色，不分枝或在基部有少数直立的侧枝。地上枝有脊 16~22 条，脊的背部弧形或近方形，无明显小瘤或有小瘤 2 行；鞘筒 0.7~1.0 cm，黑棕色或顶部及基部各有一圈或仅顶部有一圈黑棕色；鞘齿 16~22 枚，披针形，长 0.3~0.4 cm。顶端淡棕色，膜质，芒状，早落，下部黑棕色，薄革质，基部的背面有 3~4 条纵棱，宿存或同鞘筒一起早落。孢子囊穗卵状，长 1.0~1.5 cm，直径 0.5~0.7 cm，顶端有小尖突，无柄木贼生长于热、温、寒 3 带的低洼潮湿、沼泽、多荫的沙土地，喜阴湿的环境，全国各地均有分布。在我国黄河故道沿岸地带，特别是皖北、苏北及鲁东南地区，木贼生长极为茂盛，采刈青草中多有混杂，在冬、春季节饲喂动物会引起中毒。马、骡饲喂量超过日粮的 50% 即发生中毒。木贼中毒主要发生于马、牛，羊也有发生，在一定的地区往往呈群发性，病死率很高。

2. 草麻黄

草麻黄（*Ephedra sinica* Stapf）别名麻黄、麻黄草，草本状灌木。基部多分枝，丛生；木质茎短或成匍匐状，小枝直立或稍弯曲，具细纵槽纹，触之有粗糙感。叶 2 裂，裂片锐三角形，先端急尖。花单性，雌雄异株。雄花为复穗状，具总梗，苞片常为 4 对，淡黄绿色，雄蕊 7~8 枚；雌球花单生，顶生于当年生枝，腋生于老枝，具短梗，雌花 2，珠被管直立或顶端稍弯曲，管口裂缝窄长。5—6 月开花，8—9 月种子成熟。种子通常 2 粒，包于红色肉质苞片内，深褐色，一侧扁平或凹，一侧凸起，具 2 条槽纹，较光滑。

3. 乌头

乌头（*Aconitum carmichaelii* Debx.）为多年生草本，高 60~150 cm。茎直立，上部有贴伏的稀疏柔毛。叶片革质，长 6~11 cm，宽 9~15 cm，掌状三深裂几达基部，中央裂片菱形，先端再有三浅裂，两侧叶片再二裂，叶表面暗绿色，背面灰绿色。顶生总状圆锥花序，花序轴及花梗有贴伏的柔毛，萼片 5 片，蓝紫色，上萼片呈高盔形，侧萼片近圆形。背葵果长圆形。花期 9—10 月。块根通常 2 个连生，纺锤形或倒卵形，长 2~5 cm，直径 1.0~1.6 cm，外皮深灰褐色，质坚硬不易折断，栽培种侧根肥大，直径可达 5 cm。全草有毒，根尤甚。

4. 曼陀罗

曼陀罗（*Datura stramonium* L.）又称闹羊花、喇叭花、洋金花等，为茄科曼陀罗属一年生草本植物。茎高 50~150 cm，直立，圆柱形。单叶互生，有柄，叶片宽卵形，边缘牙齿状或深波状。花单生于茎枝分叉间或叶腋间，白色，具短柄。蒴果直立，卵形，表面有不等长的坚硬针刺，成熟后 4 瓣裂，种子黑色，近卵形而稍扁。花期 6—10 月，果期 7—11 月。除常见的曼陀罗外，还有白花曼陀罗（*D.metel* Linn.），又名南洋金花、风茄花；毛花曼陀罗（*D.innoxia* Mill.），又名北洋金花、串金花；无刺曼陀罗（*D.inermis* Jacq.）等。

5. 小花棘豆

小花棘豆［*Ozytropis glabra*（Lam.）DC.］俗称马绊肠、苦马豆，为多年生草本植物，高 20~80 cm。根系发达，直根粗壮。茎分枝多，当年生植株多直立，多年生植株呈放射状匍匐铺散，茎末端上升，长 30~70 cm，无毛或疏被短柔毛，绿色。羽状复叶长 5~15 cm；叶轴疏被开展或贴伏短柔毛；托叶草质，披针形、披针状卵形以至三角形，彼此分离或基部与叶柄联合向下翻转，长 5~10 mm，无毛或微被柔毛；小叶 11~27，披针形或卵状披针形，基部宽楔形或圆形，上面无毛，下面微被贴伏的柔毛。多花组成稀疏总状花序，长 4~7 cm；总花梗长 5~12 cm，通常叶较长，被开展的白色短柔毛；苞片膜质，狭披针形，长约 2 mm，先端尖，疏被柔毛；花长 6~8 mm；花梗长 1 mm；花萼钟形，贴伏白色短柔毛，有时混生少量黑色短柔毛，萼齿披针状锥形，长 1.5~2.0 mm；花冠淡紫色或蓝紫色（偶有白色）；旗瓣长 7~8 mm，瓣片圆形，先端微缺；翼瓣长 6~7 mm，先尖全缘；龙骨瓣长 5~6 mm，子房疏被长柔毛。荚果膜质，长圆形，膨胀，下垂长 10~20 mm，腹缝具深沟，背部圆形，疏被贴伏白色短柔毛或混生黑、白柔毛，后期无毛，一室。花期 6—8 月，果期 7—9 月。

6. 毒芹

毒芹（*Cicuta virosa* L.）又名走马芹、野芹莱花、斑毒芹、毒人参等，是伞形科毒芹属多年生草本。株高 1 m 左右，根茎绿色，粗大，径达 3 cm，节间相接，具多数肥厚的长根。茎直立，中空，圆筒状，具细槽，茎上部分枝。叶互生，叶柄基部膨大呈鞘状，生有二回或三回羽状全裂叶。叶片呈长椭圆形或披针形，长 2~7 cm，宽 3~10 cm，先端渐尖，边缘具尖锯齿。复伞形花序顶生呈半球状，伞梗 10~20 个，略等长；每一小伞形花序径约 1.5 cm，开花时呈圆头状，具 20~40 花，花瓣白色；双悬果近圆形，长 2~2.4 mm，宽 2~2.7 mm，果棱钝圆，带木栓质，成熟时种子腹面与果皮剥离。花期 7—8 月，果期 8—9 月。

7. 狼毒

狼毒（*Stellera chamaejasme* L.）别名一把香、红火柴头、断肠草。多年生草本，高 20~50 cm。根粗大，木质，外皮棕褐色。茎丛生，直立，不分枝，光滑无毛。叶较密，通常互生，椭圆状披针形，长 1~3 cm，宽 2~8 mm，先端渐尖，基部钝圆或楔形，两面无毛。顶生头状花序。花黄色、白色或淡红色，具绿色总苞。花萼筒细瘦，长 8~12 mm，宽约 2 mm，下部常为紫色，具明显纵纹，顶端 5 裂，裂片近卵圆形，长 2~3 mm，具紫红色网纹；雄蕊 10，2 轮，着生于萼喉部与萼筒中部，花丝极短；子房椭圆形，1 室，上部密被淡黄色细毛，花柱极短，近头状；子房基部一侧有长约 1 mm 矩圆形蜜腺。小坚果卵形，黑褐色，长 4 mm，棕色，上半部被细毛，果皮膜质，为花萼管基部所包藏。花期 5—8 月。

8. 紫茎泽兰

紫茎泽兰［*Ageratina adenophora*（Spreng.）R. M. King & H. Rob.］俗名解放草、败马草、黑颈草、亚热带飞机草等。系多年生粗壮草本，生长多年的下部茎逐渐老化变硬，呈半灌木状。茎直立丛生，高度变化大，通常 1~2 m，常带暗紫色，密被腺毛，全株有香气。叶对生，三角状菱形，两侧具疏齿，先端锐尖，长 7~8 cm，基部宽 6~7 cm，具约 3 cm 长的叶柄和显著的基出 3 脉，柄紫褐色，长 2~3 cm。头状花序钟形，长 4~5 cm，排列成伞房花序状，位于茎和分枝顶端。总苞一层，外面被腺毛。小花白色，管状，60~70 朵，长约 5 mm，下部纤细，上部膨大，开花时裂片平展反屈。雌蕊伸出花冠管约 3 mm。柱头 2，子房栗褐色，微弓曲，无毛。冠毛一层，刺毛状，与花冠管等长。瘦果黑色，长约 1.6 mm，五棱形。

9. 藜芦

藜芦（*Veratrum nigrum* L.）别名黑藜芦、山葱。多年生草本，高 60~100 cm，

茎直立，粗短，基部有叶鞘，枯死后残留黑褐色棕毛状纤维网。根簇生，肉质，外皮黄白色，干后棕黑色。叶互生，初生时呈折扇状，后展开为宽大的卵状椭圆形，长 22~25 cm，宽 10 cm，薄革质，先端渐尖或锐尖。叶有平行脉，基部渐狭呈鞘状，抱茎，叶上面青绿色，下面灰绿色，两面无毛。花小，紫黑色，密生成圆锥状花序，顶生总状花序常比侧生花序长 2 倍以上，雄花常生于花序轴下部，两性花多生于中部以上，花被 6 片，全缘，约与花梗等长。蒴果卵形或长圆形，熟时三裂，具多数卵圆形种子。花果期 7—9 月。

（二）有毒植物的识别

有毒植物颜色大多鲜艳，吸引人，或者有色斑色纹，多带有刺或刺囊。这些植物中含有能破坏人体器官功能、代谢机能的生物性、化学性有毒有害物质，这些物质往往具有刺激、味奇、色怪等特性。所以鉴别可遵循以下原则。

（1）尝味道。煮熟后少量品尝，如果有明显的苦味、涩味，说明植物体内可能含有生物碱、单宁和配糖体等成分，表示该植物可能有毒。

（2）看性质。在民间，经常做“土农药”的植物，一般都有毒性，不可食用。如皱叶酸模、白头翁、毛茛、北马兜铃、狼毒大戟、白藓、大活、毒芹、东北天南星、朝鲜天南星、尖被藜芦等。

（3）看沉淀。植物煮熟后的水中加入浓茶，如果有大量的沉淀产生，说明植物体内可能含有生物碱和重金属盐等成分，表示该植物可能有毒。

（4）看泡沫。先将煮熟后的汤水放入茶杯里，接着用力摇。如果产生大量泡沫，说明植物体内可能含有皂甙类成分，表示该植物可能有毒。

（5）看虫蚍。植物体的各部分十分完好，没有被虫子啮咬的痕迹，表示该植物可能有毒。

（6）看浆液。植物体的根、茎、叶等被折断后有特殊浆液或黏液质出现的种类，多数都有毒（蒲公英、羊乳、戗头菜、桔梗等除外），如荷青花、狼毒大戟、林大戟、东北大戟等。

（7）看家畜。牛、羊拒食或误食后引起呕吐、腹泻、身体乏力、四肢抽搐的种类，绝大多数都有毒。如北乌头、黄花乌头、侧金盏花、白屈菜、叶底珠、天仙子、泽泻等。

（8）闻气味。植物体具有特殊刺激气味的种类，绝大多数都有毒。如辽细辛、汉城细辛、白藓、天仙子、小天仙子、龙葵、曼陀罗、白花曼陀罗、接骨木、菖蒲、铃兰等。

（三）有害植物

草地有害植物是指那些因植物体形态结构特点能造成家畜机械损伤，降低畜产品品质，或含有特殊物质能使畜产品变质，以及被家畜采食后可能引起生理异常、损害健康甚至致死的植物。

有害植物（非毒草）：这类植物虽然本身不含有毒物质，但因具有锐利的针刺等构造，能造成家畜体表或黏膜的机械性损伤，或因其侵占性强、饲用价值低而影响草地生态平衡和畜牧业发展。以下是一些常见的草地有害植物及其特征。

鬼箭锦鸡儿：为豆科锦鸡儿属多刺灌木，直立或伏地，高 0.3~2.0 m，基部多分枝。其形态特点可能导致家畜受伤。

苍耳属：包括苍耳、稀刺苍耳、意大利苍耳等，它们的果实具钩状的硬刺，常黏附于家畜体上，降低家畜毛品质。

刺儿菜：为菊科蓟属多年生草本，全株有刺，牲畜误食后可对口腔和皮肤引起机械性损伤。

针茅属：包括针茅、长羽针茅等，颖果成熟后具有尖锐的基盘，易刺伤家畜或降低皮毛品质。

二、工具准备

1. 仪器设备

体视显微镜、显微镜。

2. 材料与工具

标本夹，标本纸，采集箱，剪刀，小刀，麻绳，镊子，采集来的较大或易损坏的组织如果实、根、茎、块根、块茎及在田间来不及压制的叶片标本，剪枝剪，放大镜，纸袋，塑料袋，记载本，标签等物品。

三、人员准备

人员分组，每组 5 人。明确职责分工。

任务角色	任务内容
组长：	任务：
组员 1：	任务：
组员 2：	任务：
组员 3：	任务：
组员 4：	任务：

任务筹划

一、内容筹划

1. 学习掌握植物标本的采集

采集植物标本最重要的一点是标本的完整性，矮小的草本植物要尽量采集完整植株，有根、茎、叶、花、果最好；高大的植物可以分段采集，使其分别带有根、茎、叶、花、果。采集后要挂上标签并编号，记录下采集人、采集时间和采集地点。

2. 学习掌握植物标本的制作

压制标本前先对标本进行简单整理，去掉腐叶、残叶，去除根部的土块。压制标本时，先将标本放置在草纸上，整理标本形态，叶片尽可能展开，使同一标本同时看到正面与反面叶的形态。为了避免花朵部分与草纸粘连，可以用卫生纸覆盖。接下来，用硬纸板、波纹铝板分隔，将几个标本上下叠放，最后用夹板固定。

3. 学习掌握有毒有害植物的识别要点

能够根据标本利用学习的植物特征准确识别常见的有毒有害植物，例如，木贼、草麻黄、小花棘豆和狼毒等植物。

二、流程筹划

1. 植物标本识别鉴定

（1）选择常见有毒有害植物标本类型。

（2）结合植物花、叶、果实、根系等特征开展识别鉴定。

（3）完成特征的记录与梳理。

（4）完成考核。

2. 草地有毒有害植物类型识别鉴定

（1）选择不同的环境类型（包括天然草地、林地、草坪等）。

（2）观察植物花、叶、种子等并记录。

（3）根据记录特征进行分类鉴定。

（4）列表梳理各类有毒有害植物特征。

三、方法筹划

1. 有毒有害植物选择

（1）确定观察对象：选择不同种类的有毒有害植物。

（2）采集足够数量：每个种的有毒有害植物标本数量不少于 3 株，对于现场不能确定的种类，应尽量多采集标本。

（3）野外信息记录：采集时间、采集地点、采集人、采集环境等，并制作采集信息标签。

2. 草地有毒有害植物特征识别

（1）采集观察对象：按要求选择观察的对象，观察数不少于 15 株，详细记录野外采集数据。

（2）草地有毒有害植物特征识别：标本采集过程正确，毒杂草观察过程完整。

（3）草地有毒有害植物类群识别：正确识别毒杂草类群，正确鉴定有毒有害植物种类。

任务实施

步骤一：
步骤二：
步骤三：
步骤四：
步骤五：
步骤六：
步骤七：

任务评价

工作任务完成过程评价表

班级：______ 组别：______ 姓名：______

项目	评分标准	自我评价	小组评价	教师评价
选择（40分）	按要求选择观察的对象（10分）			
	观察数量不少于10株（15分）			
	有详细野外采集数据记录（15分）			
有毒有害植物特征识别（60分）	标本采集过程正确（15分）			
	有毒植物特征观察、描述正确（15分）			
	有害植物特征识别正确（15分）			
	正确鉴定描述有害植物为害特性（15分）			
合计				
自我评价与总结				
教师点评				

任务二　常见草地有毒植物的分类

任务导入

在众多的草地植物中，有毒植物是一类特殊的类群，其主要作用在于对人、畜发生毒害，或影响畜产品质量，降低牧草产量等。为防止有毒植物对草地畜牧业带来的严重影响，首先必须认识它，了解它的危害，进而采取各种相应的措施予以防除。欲达此目的，必须将众多的有毒植物区别开来，对其危害根据一定的系统和标准进行分类。

草地有毒植物的分类是极其复杂的，草地工作者、植物学工作者、化学工作者及药物学工作者，都曾从不同角度对有毒植物进行过分类。如根据毒物的来源和性质可概括地分为饲料中毒、有毒植物中毒、药物中毒等。根据有毒植物的化学成分分为非蛋白氨基酸类、肽类、生物碱类、萜类、苷类、酚类及衍生物类、无机化合物和简单有机化合物类等。

任务工单

班级：＿＿＿＿＿＿＿＿　姓名：＿＿＿＿＿＿＿＿　学号：＿＿＿＿＿＿＿＿

任务名称	常见有毒植物的分类
任务描述	根据实际情况，填写本任务的内容、目的、流程和方法。 任务内容：＿＿＿＿＿＿＿＿＿＿＿＿＿＿＿＿＿＿＿＿。 任务日的：＿＿＿＿＿＿＿＿＿＿＿＿＿＿＿＿＿＿＿＿。 任务流程：＿＿＿＿＿＿＿＿＿＿＿＿＿＿＿＿＿＿＿＿。 任务方法：＿＿＿＿＿＿＿＿＿＿＿＿＿＿＿＿＿＿＿＿。
获取信息	要完成任务，需要掌握相关的知识。请收集资料，回答以下问题。 1. 有毒植物分类方式有哪些？ 2. 识别有毒植物的意义是什么？ 3. 常见有毒植物有哪些？

（续表）

<table>
<tr><td>获取信息</td><td colspan="6">4. 常年性有毒植物分为哪些？依据是什么？

5. 季节性有毒植物分为哪些？依据是什么？</td></tr>
<tr><td>制订计划</td><td colspan="6"></td></tr>
<tr><td rowspan="5">任务实施</td><td colspan="6">按照预先制订的工作计划，完成本任务，并记录任务实施过程。</td></tr>
<tr><td>序号</td><td>完成的任务</td><td colspan="2">遇到的问题</td><td colspan="2">解决办法</td></tr>
<tr><td></td><td></td><td colspan="2"></td><td colspan="2"></td></tr>
<tr><td></td><td></td><td colspan="2"></td><td colspan="2"></td></tr>
<tr><td></td><td></td><td colspan="2"></td><td colspan="2"></td></tr>
<tr><td rowspan="13">任务评价</td><td colspan="6">评价表</td></tr>
<tr><td>项目</td><td>评价内容</td><td>分值</td><td>自评</td><td>互评</td><td>师评</td></tr>
<tr><td rowspan="5">知识技能</td><td>常见草地有毒有害植物分类</td><td>15</td><td></td><td></td><td></td></tr>
<tr><td>选择正确的方法进行识别</td><td>15</td><td></td><td></td><td></td></tr>
<tr><td>科学利用各类工具完成调查工作</td><td>10</td><td></td><td></td><td></td></tr>
<tr><td>调查有计划、有记录</td><td>15</td><td></td><td></td><td></td></tr>
<tr><td>数据分析方法、结果正确</td><td>15</td><td></td><td></td><td></td></tr>
<tr><td>任务质量</td><td>按技术规范完成调查及数据记录</td><td>15</td><td></td><td></td><td></td></tr>
<tr><td rowspan="3">素养表现</td><td>通过小组讨论与自学，利用信息化教学资源、互联网等完成工作任务（5分）</td><td rowspan="3">15</td><td></td><td></td><td></td></tr>
<tr><td>认真思考，积极动手，动脑（5分）</td><td></td><td></td><td></td></tr>
<tr><td>积极参与小组合作与交流，配合默契，共同完成（5分）</td><td></td><td></td><td></td></tr>
<tr><td>总评</td><td colspan="5"></td></tr>
</table>

（续表）

自我评价与总结	
教师评价	

任务准备

一、知识准备

有毒植物中的有毒物质进入家畜机体后，可引起急慢性功能性障碍、器质性损伤、癌变、畸胎等多种中毒效应。根据毒理机制分为精神性中毒作用类，神经系统中毒作用类，呼吸系统中毒作用类，器官损伤性中毒作用类，致癌、致突变、致畸胎作用类等。

综上所述，有毒植物的分类涉及众多因素，难以找到一个理想的指标进行分类。目前在草地管理实践中普遍采用的是富象乾（1985）提出的分类方法。这种方法根据有毒植物的毒害规律，将有毒植物分为常年性有毒植物、季节性有毒植物和可疑性有毒植物 3 大类。根据有毒植物引起家畜中毒程度的不同，前两类又各分为烈毒性有毒植物和弱毒性有毒植物两大类群。

（一）常年性有毒植物

这类有毒植物在天然草地上的种类最多，危害也最大。在这些有毒植物中，绝大多数植物体内含有生物碱，个别种还含有光效能物质等。含有这类毒素的植物，在加工调制，如晒干、青贮等过程中，其毒性毫不减弱。因此，家畜在任何时候采食，都有可能发生中毒。按照有毒物质含量高低、毒性强弱，可将其分为两大类群。

1. 烈毒性常年有毒植物

凡毒性剧烈，不论在任何季节，即使家畜少量采食，也会发生中毒，甚至造成死亡的有毒植物均属于烈毒性常年有毒植物。由于这些植物大多数具有强烈的刺激性气味，一般为家畜所厌恶，因此，很少有家畜中毒。属于这一类群的毒草占常年性有毒植物总种数的 1/2 以上，主要有牛扁（*Aconitum barbatum* var. *puberulum*）、铁棒锤（*Aconitum pendulum*）、北乌头（*Aconitum kus-nezoffii*）、白屈菜（*Chelidonium majus*）、石龙芮（*Ranunculus sceleratus*）、野罂粟（*Oreomecon nudicaulis*）、变异黄芪（*Astragalus variabilis*）、小花棘豆［*Ozytropis glabra*（Lam.）DC.］、甘肃棘豆（*Orytropis kansuensis*）、乳浆大戟（*Euphorbia esula*）、泽漆（*Euphorbia helioscopia*）、毒芹（*Cicuta virosa*）、醉马草（*Achnatherum inebrians*）、颠茄（*Atropa belladonna*）、天仙子（*Hyoscyamus niger*）、藜芦（*Veratrum nigrum* L.）等。

2. **弱毒性常年有毒植物**

属于这一类群的植物其有毒物质的含量一般都比较低，或其毒素对家畜的毒害作用比较弱。虽然各种家畜对有毒物质的感受性不同，其中毒机会及中毒程度都有很大差异，但是，只要大量地采食，也会出现中毒症状。在天然草地上经常造成家畜中毒的主要是这一类有毒植物，常见的有问荆（*Equisetum arvense*）、木贼（*Equisetum hyemale* L.）、无叶假木贼（*Anabasis aphylla*）、毛茛（*Ranunculus japonicus*）、黄堇（*Corydalis pallida*）、地锦草（*Euphorbia humifusa*）、类华丽龙胆（*Gentiana sino-ornata*）等。

（二）季节性有毒植物

季节性有毒植物是指在一定的季节内对家畜有毒害作用，而在其他季节，其毒性基本消失或减弱。即使在有毒季节内，如经过加工调制，其毒性也会大大降低。这类有毒植物在天然草地上的比重较大，在它们体内，一般都含有糖苷、皂苷、植物毒蛋白或有机酸、挥发油等，一般毒性比较弱，只有很少的有剧毒。但它们在干燥过程中，体内的糖苷、皂苷的毒性就会迅速下降，氰氢酸逐渐消失，挥发油也因油性散发而失去毒性。因而，家畜在晚秋或冬季采食这些植物，就会完全消化。同样这类有毒植物也可再分为两类。

1. **烈毒性季节有毒植物**

这一类群植物，在其有毒季节内对家畜的毒害作用与烈毒性常年有毒植物基本相同。它们可导致家畜急性或慢性中毒，在这些有毒植物中，含有毒蛋白的有宽叶荨麻（*Urtica laetevirens*）、蝎子草（*Girardinia diversifolia* subsp.*suborbiculata*）等。含有糖苷的有兴安杜鹃（*Rhododendron dauricum*）、羊踯躅（*Rhododendron molle*）、海韭菜（*Triglochin maritimum*）等。

2. **弱毒性季节有毒植物**

这一类植物在其有毒季节内，植物体的有毒物质含量比较低或其有毒成分对家畜的毒害作用比较弱。家畜少量采食，一般不会引起中毒。已有中毒报道的有含有糖苷的有草玉梅（*Anemone rivularis*）、二歧银莲花（*Anemone dichotoma*）、耧斗菜（*Aquilegia viridiflora*）、侧金盏花（*Adonis amurensis*）、白头翁（*Pulsatilla chinensis*）等；含有氰氢酸的有唐松草（*Thalictrum* spp.）、酢浆草（*Oxalis corniculata*）等和含有皂苷及挥发油的有薄荷（*Mentha canadensis*）、泽兰（*Ageratina* spp.）等。此外，还有酸模（*Rumex acetosa*）、盐角草（*Salicornia europaea*）、木贼麻黄（*Ephedra equisetina*）、苦马豆（*Sphaerophysa salsula*）、返顾马先蒿（*Pedicularis resupinata*）等。

（三）可疑性有毒植物

有些植物是否对家畜有毒及有毒部位、有毒时期、有毒成分等在一些报道中说法不一，因此很难得出确切的结论。还有一些在国外报道是有毒植物，而在我国尚未发现有家畜中毒者。如钩刺雾冰藜（*Bassia hyssopifolia*）、盐生草（*Halogeton glomeratus*）等在美国的文献中记载是

有毒有害植物图集（青海）

有毒植物；小花糖芥（*Erysimum cheiranthoides*）、骆驼蓬（*Peganum harmala*）、茅香（*Anthoxanthum nitens*）、千叶蓍（*Achillea millefolium*）、顶羽菊（*Rhaponticum repens*）等在俄罗斯的文献中被认为是有毒植物。有些植物家畜一般避而不食，但不明原因，如牧民认为有毒植物的串铃草（*Phlomoides mongolica*）等。

二、工具准备

1. 仪器设备

体视显微镜、显微镜。

2. 材料与工具

标本夹、标本纸、采集箱、扩大镜、剪刀、小刀，纸袋、塑料袋、标签、麻绳、记载本、镊子等物品。

三、人员准备

人员分组，每组 5 人。明确职责分工。

任务角色	任务内容
组长：	任务：
组员 1：	任务：
组员 2：	任务：
组员 3：	任务：
组员 4：	任务：

任务筹划

一、内容筹划

（1）学习掌握草地有毒有害植物的分类。有毒植物的分类涉及众多因素，难以找到一个理想的指标进行分类。目前在草地管理实践中普遍采用的是富象乾（1985）提出的分类方法。这种方法根据有毒植物的毒害规律，将有毒植物分为常年性有毒植物、季节性有毒植物和可疑性有毒植物 3 大类。

（2）学习掌握常年性有毒植物、季节性有毒植物和可疑性有毒植物是如何进行划分的，有毒植物划分的意义是什么。

（3）了解毒杂草的其他分类方法。为了便于杂草的化学防治可根据其形态特征进行分类，一般分为禾草类、莎草类、阔叶草类。为了便于生态学研究，检疫防治会根据生物学特性进行分类，按照杂草的生活习性可以分为一年生杂草、二年生杂草、多年生杂草；按照生长习性可以分为草本类杂草、藤本类杂草、木本类杂草、寄生类杂草。

二、方法筹划

1. 按植物学分类

根据植物的形态、结构、生理特征等进行分类，如菊科、豆科、毛茛科等。

2. 按毒性分类

根据植物所含毒素的类型和毒性强度进行分类，如神经毒素类、血液毒素类、胃肠毒素类等。

3. 按危害对象分类

根据植物对不同动物或人类的危害程度进行分类，如对家畜有毒害的植物、对人类有毒害的植物等。

4. 按地理分布分类

根据植物的地理分布范围进行分类，如草原地区常见的毒害草、荒漠地区常见的毒害草等。

在实际应用中，通常会综合考虑以上多种分类方法，以便更全面地了解草地有毒有害植物的特征和危害，为采取有效的防控措施提供依据。同时，需要注意的是，不同地区的草地有毒有害植物种类和分布可能会有所差异，因此在进行分类和防控时，需要结合当地的实际情况进行具体分析。

三、流程筹划

（1）采集不同种类毒杂草或选择标本。
（2）上网查阅资料对毒杂草进行识别。
（3）根据知识点对毒杂草进行分类。
（4）拍照或摄像记录观察毒杂草。
（5）对分析结果进行记录并进行统计。
（6）得出结论。

任务实施

步骤一：
步骤二：
步骤三：
步骤四：
步骤五：
步骤六：
步骤七：

任务评价

工作任务完成过程评价表

班级：＿＿＿＿＿＿＿＿　组别：＿＿＿＿＿＿＿＿　姓名：＿＿＿＿＿＿＿＿

项目	评分标准	自我评价	小组评价	教师评价
有毒有害植物采集（35分）	选择正确有毒有害植物（10）			
	做好安全防护工作（10分）			
	采集方法正确（15分）			
毒杂草识别（65分）	正确识别有毒有害植物类群（15分）			
	科学利用各类工具完成调查工作（10分）			
	查阅资料能对毒杂草进行准确分类（15分）			
	调查有计划、有记录（10分）			
	数据分析方法、结果正确（15分）			
合计				
自我评价与总结				
教师点评				

项目检测

请扫描右侧二维码答题。

（上）

（下）

项目五 调查与诊断牧草病害

项目导读

牧草病害调查是了解病害种类、分布、为害程度、发生特点和规律，确定病害防治对策及制订防治方案的基本依据，草地病害调查是植物病理学研究的一项基本工作，可以为植物病害分布、危害及发生发展规律提供基本信息。草地病害调查分一般调查、重点调查和系统调查。一般调查又称前普查或病害基本情况调查，目的是了解草地病害种类、分布、为害程度、发生特点、防治状况等。调查面要广，可在发病盛期一次调查，也可在几个发病关键时期分期进行。除现场调查外，还要访问群众、开座谈会和查阅有关资料。现场调查时还需采集病害标本，用于病原鉴定。一般调查的调查面积要尽可能大，以便反映该区域病害发生和分布情况，还要注意样点的随机性和代表性。由于是在大面积上的调查，因此一般调查的精度要求并不是很严。重点调查又称专题调查，指对已发生的重要病害就其流行和防治等方面的主要问题进行深入的专题调查。此种调查可针对单一病害进行，也可就多种病害共同的问题进行，调查区域不一定很广，但要求深入细致，找出规律。调查的具体方式方法需根据调查的问题确定。

【知识目标】

1. 明确调查目的和内容。
2. 采取正确的取样和统计方法。
3. 能通过走访等方式了解牧草病害发生情况。
4. 了解牧草病害病原的种类、发生特点、侵染途径及防治方法等。

【技能目标】

1. 能根据牧草病害发生情况选择正确的调查方法。

2. 掌握牧草病害田间诊断技术。

3. 能够熟练完成牧草病害标本的采集与制作。

【素质目标】

1. 热爱所学专业，有较强的学习积极性和主动性，学习态度认真。

2. 具有团队协作意识，勤于思考，善于分析比较。

3. 遵守野外工作纪律，能恰当有效地利用时间，有效地制订计划并实施，按时完成各项任务。

4. 主动承担工作任务及责任，尊重他人及其意见，遵从集体决策，遵守各种行为规范和操作规范。

5. 树立严谨求实的科学态度。

【思政目标】

1. 懂农牧业、爱农牧民、爱农村牧区，做农牧人、干农牧事，增强投身“三农”的自豪感。

2. 能尊重自然、爱护自然，践行人与自然和谐、绿色发展理念，成为具有生态理念、生态情怀和生态技能的生态文明建设者。

任务一　采集与制作牧草病害标本

任务导入

牧草在生长发育和运输贮藏的过程中，由于遭受病原生物的侵染或不利的非生物因素的影响，使其生长发育受到阻碍，导致产量降低、品质变劣，甚至死亡的现象，称为牧草病害。凡是引起牧草病害发生的原因均称为病原。能够引起牧草病害的病原分为生物因素和非生物因素两大类。植物病害标本的采集、制作与保存是植物保护研究工作的重要组成部分。植物病害标本是植物病害症状及其分布的实物性记载。在室外观察的基础上，进一步在室内对大量病害标本进行比较鉴定，从而能更准确地识别各种植物病害，了解当地作物病害发生的种类和为害情况，这对于病害防治有重大意义。

要求学生通过牧草病害标本采集、制作等牧草调查实训，能够了解当地常发生牧草病害的种类、发生及为害情况。

任务工单

班级:______________ 姓名:______________ 学号:______________

<table>
<tr><td>任务名称</td><td>采集与制作牧草病害标本</td></tr>
<tr><td>任务描述</td><td>根据实际情况，填写本任务的内容、目的、流程和方法。
任务内容:______________
______________。
任务目的:______________
______________。
任务流程:______________
______________。
任务方法:______________
______________。</td></tr>
<tr><td>获取信息</td><td>要完成任务，需要掌握相关的知识。请收集资料，回答以下问题：
1. 牧草病害调查的类别及方式是什么？
2. 病害调查的注意事项有哪些？
3. 什么是侵染性病害？什么是非侵染性病害？
4. 标本采集注意事项有哪些？
5. 标本制作的方法是什么？</td></tr>
<tr><td>制订计划</td><td></td></tr>
</table>

（续表）

<table>
<tr><td rowspan="6">任务实施</td><td colspan="6">按照预先制订的工作计划，完成本任务，并记录任务实施过程。</td></tr>
<tr><td>序号</td><td>完成的任务</td><td colspan="2">遇到的问题</td><td colspan="2">解决办法</td></tr>
<tr><td></td><td></td><td colspan="2"></td><td colspan="2"></td></tr>
<tr><td></td><td></td><td colspan="2"></td><td colspan="2"></td></tr>
<tr><td></td><td></td><td colspan="2"></td><td colspan="2"></td></tr>
<tr><td></td><td></td><td colspan="2"></td><td colspan="2"></td></tr>
<tr><td rowspan="11">任务评价</td><td colspan="6">评价表</td></tr>
<tr><td>项目</td><td>评价内容</td><td>分值</td><td>自评</td><td>互评</td><td>师评</td></tr>
<tr><td rowspan="5">知识技能</td><td>正确区分侵染性、非侵染性病害</td><td>10</td><td></td><td></td><td></td></tr>
<tr><td>完成牧草发病植株的采集</td><td>10</td><td></td><td></td><td></td></tr>
<tr><td>完成蜡叶标本的制作</td><td>10</td><td></td><td></td><td></td></tr>
<tr><td>完成浸渍标本的制作</td><td>10</td><td></td><td></td><td></td></tr>
<tr><td>掌握标本保存注意事项</td><td>10</td><td></td><td></td><td></td></tr>
<tr><td>任务进度</td><td>完成采集、制作与保存（10分）；完成采集、制作（7分）；完成部分采集与制作（5分）</td><td>10</td><td></td><td></td><td></td></tr>
<tr><td>任务质量</td><td>分类正确；采集方式正确且标本完整性好；不同发病部位选择合适标本制作方法；完成标本制作与保存</td><td>10</td><td></td><td></td><td></td></tr>
<tr><td>素养表现</td><td>团结协作、科学严谨、勤于思考，善于分析和比较</td><td>15</td><td></td><td></td><td></td></tr>
<tr><td>思政表现</td><td>尊重自然，爱护自然，采集过程中避免伤害其他植株</td><td>15</td><td></td><td></td><td></td></tr>
</table>

任务准备

一、知识准备

1. 植物病害标本的采集用具

（1）标本夹主要用于夹压各种含水分不多的病害叶片标本，多为木制的栅状板

（图 5-1-1）。

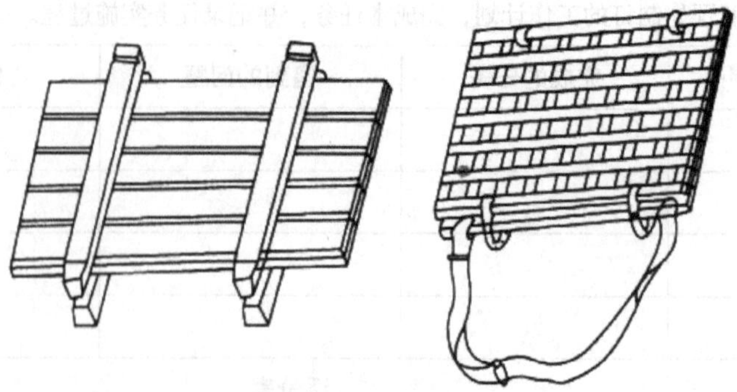

图5-1-1 标本夹

（2）标本纸应选用吸水力强的纸张，可较快吸除枝叶标本内的水分，要保持纸张干燥和清洁。

（3）采集箱是采集较大或易损坏的组织如果实、根、茎、块根、块茎及在田间来不及压制的叶片标本。还要准备剪枝剪、小刀、放大镜、纸袋、塑料袋、记载本、标签等物品。

2. 植物病害标本的采集方法

（1）病状典型。病状是确定一种病害的重要依据。采集病害标本，不仅要有某一受病部位的典型病状，而且还要有不同时期、不同部位的病状标本。

（2）病征完整。有病征的标本要重点采集，如真菌性病害在感病部位往往有各种霉状物、小黑点等病征存在，细菌性病害往往有菌脓溢出。有转株寄主的锈病应该尽量找到第二寄主标本，真菌病害的病原菌包括有性和无性两个阶段，应在不同时期分别采集。有的真菌在活寄主上常不产生子实体，在枯死株上有病征，因此，对地面上的枯枝落叶也应注意采集。

（3）避免病原物混杂。采集时将容易混杂污染的标本分别用纸包好，如采集黑粉病类标本及腐烂的果实等必须注意分袋装，以免污染其他枝叶类标本，影响鉴定。

（4）采集记载。没有记录的标本或记录不全的标本将失去使用价值。必须记录寄主名称，这是鉴定病害的前提。对寄主植物不熟悉的只凭标本识别病害是非常困难的，对不熟悉的寄主，还要采集寄主的叶、花、果实等，以便进一步鉴定。记录内容包括寄主名称、采集日期、采集地点、采集人姓名、标本编号、分布情况、地理条件、损失率、防治办法及效果等。

（5）临时保存标本的压制。对于容易干燥卷缩的叶部病害标本，如禾本科植物病害标本，易打卷成筒状，应随采随压制，或用塑料袋装好，并封口，或用湿布包好，采回后马上整形压制。也可用吸水性较强的书籍在田间将病叶临时夹压。

3. 植物病害标本的制作

（1）蜡叶标本的制作。蜡叶标本是一种制作简单、经济、能保持植物病害症状原形的标本，便于交换、鉴定或做展览用。蜡叶标本的制作要求在短时间内把标本压平干燥，使其尽量保持原有的形态和颜色。具体操作时要注意以下事项。

①采随压制：采集标本后，要马上放入标本夹（图 5-1-1）中压制，以保持标本的原形，减少压制过程中的整形工作。有许多标本在压制时，需要做少量的加工，如标本的叶子过多、茎或枝条粗大时，在压制时最好把叶子剪掉一部分或将枝条剪去一侧再压制，如玉米大斑病叶，因叶片较宽、较长，可以根据病斑的大小，剪取有病斑的一部分压平。过多的叶片重叠或标本受压力不均匀易变色、变形。有的标本是整株的，如水稻、小麦茎叶标本，可折成“N”字形压制。

②勤换勤翻：因为植物本身含水量大，为了使标本上的水分易被标本纸吸收，使标本尽量保持原色，要勤换勤翻。标本放到标本夹里后，用标本绳将标本夹扎紧，或用石块压。将标本夹放在通风处，总之，标本干得愈快愈好，越能保持原有色泽。

（2）封套标本的制作。干燥后的标本，可制作封套标本，按种类进行分装，连同采集记载信息一同放入牛皮纸袋中或用厚的绘图纸折成的长方形纸套中，也可存放在普通纸盒中保存。把鉴定记载贴在纸袋上，然后按寄主或菌类分类排列存放，以便教学和研究用。

（3）盒装标本的制作。供长期保存或展览用时，可装于标本盒内制成盒装标本。标本盒一般为 34 cm × 27 cm 或 28 cm × 20 cm 玻璃盒。每盒内只装一种标本，可用乳白胶或透明胶布固定，也可在盒内铺上一层脱脂棉，将标本展布在棉花上。有的病原体（如向日葵菌核）用脱脂棉代替棉花也可装入小瓶中，放置在纸盒内适当位置，然后加上标签保存。

（4）台纸标本的制作。干燥后的标本还可用透明胶或胶水将标本固定在台纸上，如果是幼苗病株还可以用针线缝在台纸上。台纸为较厚的白纸板，大小为 37 cm × 29 cm。粘贴时，标本应放在台纸适宜的位置，在台纸左下角或右下角贴上标签，上面再覆盖一层玻璃纸，以防擦伤或落灰尘。

（5）浸渍标本的制作。柔软多汁的块茎、块根、果实及肉质的菌类子实体必须用防腐性浸渍液保存。常根据浸制标本的色泽和浸制的目的选择浸渍液的配方。

①普通防腐性浸渍液。常用于防腐，而不保持原色，宜保存肉质鳞茎、块根、果实等。浸渍时应将标本洗净，浸泡在浸渍液中，使浸渍液淹没标本，用线将标本固定在玻片或玻棒上防止标本上浮，若浸泡标本量大，浸泡数日后应更换一次浸渍液。加盖密封保存，标本瓶上贴上标签。常用普通防腐性浸渍液有福尔马林 50 mL+95% 酒精 300 mL+ 水 2 000 mL、70% 酒精和 5% 福尔马林。

②绿色标本浸渍液。

醋酸铜溶液：适用于能加热的标本，如茎叶等。将 50% 的醋酸放入烧杯（1 000 mL）或瓷盆（直径 40 cm,）内加热，再将结晶的醋酸铜逐渐加到 50% 的醋酸中，直到不再溶解为止（大约 1 000 mL 的 50% 的醋酸加入 15 g 醋酸铜）。将饱和溶液稀释 3~4 倍加热至沸腾，再将洗净的标本投入，当标本褪绿，又经 3~4 min 恢复绿色后，取出标本，用清水洗净，压成干制标本或保存在 5% 福尔马林液中。

硫酸铜亚硫酸浸渍液：适用于不能煮沸的水果或块茎、块根类等。将标本洗净浸在5%的硫酸铜溶液中6~24 h，取出后用清水漂洗数小时，然后将标本保存在亚硫酸溶液中（用含5%~6%二氧化硫的亚硫酸溶液15 mL+水1 000 mL，也可用浓硫酸20 mL+水1 000 mL+亚硫酸钠16 g）。

注意事项：醋酸铜溶液保绿色能力较好，适用于能煮沸的标本，但保存的标本有时带蓝色，与植物原来的颜色稍有差异。硫酸铜亚硫酸浸渍液适合浸渍棉铃、葡萄和番茄的果实等不能煮的标本。

4. 植物病害标本的保存

标本的浸渍液，因由具有挥发性或易于氧化的药品配成，要长期保持浸渍效果，必须密封瓶口。封口有永久封口法和临时封口法两种。

（1）永久封口法：可用酪胶及硝石灰各一份混合，然后加水调成糊状，即可使用。

（2）临时封口法：可用蜂蜡及松香各一份，分别熔化，然后混合，并加入少量凡士林调成胶状物即可。

二、仪器设备、材料工具及教学场所准备

1. 仪器设备

体视显微镜、显微镜。

2. 材料与工具

标本夹、标本纸、采集箱、扩大镜、剪刀、小刀，纸袋、塑料袋、标签、麻绳、记载本、镊子、电炉（1 000 W）、瓷盆（直径40 cm）、标本瓶（500 mL、1 000 mL）、大烧杯（1 000 mL）、酒精灯、甲醛、酒精、蒸馏水、量杯或量筒（500 mL、1 000 mL）、醋酸铜、硫酸铜、5%~6%二氧化硫、硝酸亚钴、氯化锡等。

3. 教学场所

实验室或实训室。

三、人员准备

人员分组，每组5人。明确职责分工。

任务角色	任务内容
组长：	任务：
组员1：	任务：
组员2：	任务：
组员3：	任务：
组员4：	任务：

任务筹划

一、内容筹划

（1）掌握植物病害标本的采集方法。采集病害标本，不仅要有某一受病部位的典型病状，而且还要有不同时期、不同部位的病状标本。有病征的标本要重点采集，如真菌性病害在感病部位往往有各种霉状物、小黑点等病征存在，细菌性病害往往有菌脓溢出。有转株寄主的锈病应该尽量找到第二寄主标本，真菌病害的病原菌包括有性和无性两个阶段，应在不同时期分别采集。有的真菌在活寄主上常不产生子实体，在枯死株上有病征，因此，对地面上的枯枝落叶也应注意采集。

（2）完成采集记载。必须记录寄主名称，这是鉴定病害的前提。对寄主植物不熟悉，只凭标本识别病害是非常困难的。因此，对不熟悉的寄主，还要采集寄主的叶、花、果实等，以便进一步鉴定。记录内容包括寄主名称、采集日期、采集地点、采集人姓名、标本编号、分布情况、地理条件、损失率、防治办法及效果等。

（3）掌握标本的临时保存和压制。

（4）掌握制作植物病害标本的方法。采集标本后，要马上放入标本夹（图 5-1-1）中压制，以保持标本的原形，减少压制过程中的整形工作。因为植物本身含水量大，为了使标本上的水分易被标本纸吸收，使标本尽量保持原色，要勤换勤翻。标本放到标本夹里后，用标本绳将标本夹扎紧，或用石块压。将标本夹放在通风处，总之，标本干得愈快愈好，越能保持原有色泽。

二、方法筹划

（1）采集植物病害标本需要选择具有代表性，有明显病状与病征的植株。

（2）采集标本要注意记录采集时间与地点等。

（3）采集后的标本需要及时按压干燥，经常性翻转，换纸，保证标本的新鲜度与完整性。

（4）标本制作时要根据需求及时调整制作方法等。

（5）保存标本要符合干燥、无虫、专柜保存。

三、流程筹划

（1）采集植物病害标本时，一定要把病害和虫害区分开，如蚜虫、螨类等刺吸口器害虫为害植物均造成叶片褪绿变黄，没有病理过程，采集时一定要看叶片背面是否有害虫。采集病叶时要采集叶片完整的标本。

（2）每种标本采集的件数不能太少，一般叶斑类病害标本，至少要采十几片病叶。禾谷类植物病害标本要随采随压制，叶片多的或叶片太长的可取其中的一部分叶片或叶片的一部分压制。

（3）如采集腐败的果实、黑粉病类标本等要放在纸袋内或用纸包好，单独存放，避免病原菌混杂而影响鉴定。

（4）采集柔软肉质的果实类标本，要分别用纸包好，并用采集箱存放，以免损坏和沾污。标本务求完整，采集时应特别注意。

（5）木质化枝条类的标本，采集比较方便，可用刀或锯取其一部分。

（6）制作绿色浸渍标本时，因要加热，注意用电安全或防止烫伤。

（7）在标本保存的过程中，要经常检查标本是否被虫蛀、发霉或浸渍液蒸发减少，要及时处理，注意除虫、防霉、更换浸渍液。

（8）如实填写《草地病害一般调查记录表（种类记录法）》。

草地病害一般调查记录表（种类记录法）

草地类型：　　调查地点：　　调查日期：　　调查人：

病害名称	为害部位	发生特点	发病程度
……			

填表说明：发病程度有时可用“无病”“轻”“重”“很重”，或者用“–”“+”“++”“+++”等符号表示，但必须对符号加以说明（数据界定），不加说明的符号是没有意义的。

任务实施

步骤一：

步骤二：

步骤三：

步骤四：

步骤五：

步骤六：

步骤七：

任务评价

工作任务完成过程评价表

班级:____________　组别:____________　姓名:____________

<table>
<tr><th>考核内容</th><th>要求与方法</th><th>评分标准</th><th>标准分值</th><th>考核方法</th></tr>
<tr><td rowspan="3">植物病害标本采集（30 分）</td><td>采集工具的使用</td><td>根据采集工具的使用方法正确及熟练程度酌情扣分</td><td>10</td><td rowspan="3">5 人一组考核</td></tr>
<tr><td>标本采集的质量</td><td>根据采集病害标本的病状或病征是否典型、病原物有无混杂等酌情扣分</td><td>10</td></tr>
<tr><td>标本采集的种类与数量</td><td>根据采集病害标本种类或数量是否符合数值要求酌情扣分</td><td>10</td></tr>
<tr><td rowspan="5">植物病害标本制作（60 分）</td><td>蜡叶标本的制作</td><td>根据蜡叶标本压制形状、破损程度等情况酌情扣分</td><td>20</td><td rowspan="8">单人考核</td></tr>
<tr><td rowspan="4">浸渍标本的制作（普通防腐性浸渍标本的制作）</td><td>①根据盒装标本制作质量酌情扣分</td><td>10</td></tr>
<tr><td>②根据防腐性浸渍液稀释配制正确及熟练程度酌情扣分</td><td>10</td></tr>
<tr><td>③浸泡标本时，液体没有浸没标本酌情扣分</td><td>10</td></tr>
<tr><td>④标签写得不规范或粘贴位置不当酌情扣分</td><td>10</td></tr>
<tr><td rowspan="3">植物病害标本保存（10 分）</td><td>干制盒装标本的保存</td><td>盒内没放入樟脑丸或没用升汞、酒精溶液涂抹酌情扣分</td><td>3</td></tr>
<tr><td rowspan="2">浸渍标本的保存</td><td>①根据瓶口密封的情况酌情扣分</td><td>3</td></tr>
<tr><td>②存放的位置不符合要求酌情扣分</td><td>4</td></tr>
</table>

任务二 牧草病害的田间诊断

任务导入

牧草病害田间诊断是了解和掌握牧草病害病原、发病情况的重要手段和方法。诊断的目的在于查明草地植物发病的原因，确定病原类型和病害种类，为病害防治提供科学依据。因此，正确的诊断是防治草地植物病害的前提。草地植物病害诊断依据包括症状识别和病原物鉴定两方面的内容。要求按照上述情况，制订详细计划，开展田间诊断工作。需要注意的是田间诊断病害的依据因许多植物病害常产生相似的病状，因此要从各方面去综合判断而存在局限性。病害的发生发展是一个过程，有初期和后期，病状也随之而发展变化；环境条件对病状和病征有一定的影响，尤其是湿度对病征的产生有显著作用，加之发病后期病部往往会长出一些腐生菌的繁殖器官。因此，症状的稳定性和特异性只是相对的，要认识症状的特异性和变化规律，在观察植物病害时，必须认真地从症状的发展变化中去研究和掌握症状的特殊性，观察和采集植物病害标本，仔细地区别病征的那种微小的、似同而异的特征，才能正确地诊断病害。

任务工单

班级:__________ 姓名:__________ 学号:__________

任务名称	牧草病害的田间诊断
任务描述	根据实际情况，填写本任务的内容、目的、流程和方法。 任务内容:__________ __________。 任务目的:__________ __________。 任务流程:__________ __________。 任务方法:__________ __________。
获取信息	要完成任务，需要掌握相关的知识。请收集资料，回答以下问题。 1. 侵染性与非侵染性病害的田间诊断以什么为主?

（续表）

<table>
<tr><td>获取信息</td><td colspan="4">2. 诊断的关键在于什么？

3. 除田间观察外是否需要室内鉴定？鉴定的目的是什么？

4. 非侵染性病害的发病规律是什么？</td></tr>
<tr><td>制订计划</td><td colspan="4"></td></tr>
<tr><td rowspan="6">任务实施</td><td colspan="4">按照预先制订的工作计划，完成本任务，并记录任务实施过程。</td></tr>
<tr><td>序号</td><td>完成的任务</td><td>遇到的问题</td><td>解决办法</td></tr>
<tr><td></td><td></td><td></td><td></td></tr>
<tr><td></td><td></td><td></td><td></td></tr>
<tr><td></td><td></td><td></td><td></td></tr>
<tr><td></td><td></td><td></td><td></td></tr>
</table>

任务准备

一、知识准备

1. 传染性病害的诊断

传染性病害的病原有真菌、原核生物、病毒、线虫及寄生性种子植物。这些病原所致的病害都具有传染性，在田间发生时，一般呈分散状分布，具有明显的由点到面，即有一个发病中心逐渐向周围扩大的发展过程。诊断包括田间观察、症状鉴别、病原鉴定等 3 个主要步骤。

（1）田间观察。田间观察也就是现场观察。根据病害在田间的分布特点及发病植物的症状特点，首先区别出虫害、伤害还是病害，其次区分是非侵染性病害还是侵染性病害。虫害、伤害没有病理变化过程，而侵染性病害有病理变化过程。同时详细调查病株在田间的分布特点，了解病害的发生与气候、地形、地势、土质、肥水、农药等环境条件、栽培管理的关系。

（2）症状鉴别。植物病害的症状是植物患病后由于异常生理活动而发生在细胞和组织上的病理变化，最后表现为肉眼可见的形态变化。观察症状时，先注意病害对全株的影响（如萎凋、萎缩、畸形和生长习性的改变等），然后检查病部是坏死性病变、刺激性病变，还是抑制性病变，病斑的部位、大小、色泽和气味，病部组织的质地是否正常等特点。许多病害有明显病征，当出现病征时就能确诊。有些病害外表看不出病征，但只要认识典型病状也能确诊，如病毒病。

（3）室内鉴定。病原室内鉴定是借助放大镜、显微镜、电子显微镜、保湿保温器械设备等，根据不同病原的特点，采取不同手段，进一步观察病原物的形态、特征特性、生理生化特征等。因此，病原物的分离培养和接种是植物病害诊断中最科学、最可靠的方法。接种鉴定又叫印证鉴定，就是通过接种使健康植株产生相同症状，以明确病原。

2. 非侵染性病害的诊断

非侵染性病害是由于不适宜的环境条件引起的。根据非侵染性病害的发生特点，在诊断中应详细观察和调查发病植物所处的环境和栽培管理等因素，必要时，可分析植物所含营养元素、土壤酸碱度及有毒物质等，可进行营养诊断和治疗试验，以明确病原。非侵染性病害的特点如下。

（1）病株在田间分布具有规律性。一般比较均匀，往往是大面积成片发生。没有从点到面扩过程。

（2）症状具有特异性。除高温引起的灼伤和药害等个别原因引起局部病变外，病株常表现全株性发病。如缺素症、涝害等。

（3）病株间不互相传染。

（4）病株只表现病状，无病征。病状类型有变色、枯死、落花、落果、畸形和生长不良等。

（5）病害发生与环境条件、栽培管理措施密切相关。因此，在发病初期，消除致病因素或采取挽救措施，可使病态植株恢复正常。

3. 田间诊断注意事项

植物病害的症状是复杂的。每种病害的症状都有典型性和稳定性，但也有易变性。有时不同的病原可导致相似的症状；有时相同的病原在同一寄主植物的不同生育期、不同的发病部位表现出不同的症状；有时相同的病原物在不同的寄主植物上，表现的症状也不相同。同时，环境条件对症状也有很大影响。这些情况只有加强实践，积累经验，才能准确诊断。

二、知识拓展

发病程度包括发病率、严重度和病情指数。

1. 发病率

发病率是指发病的地块、植株或器官（根、茎、叶）数占调查地块、植株或器官（根、茎、叶）总数的百分率，表示发病的普遍程度。

$$发病率=\frac{发病田块（株、器官）数}{调查总田块（株、器官）数}\times 100\%$$

2. 严重度

严重度表示发病的严重程度，多用整个植株或某一器官（或地块）发病面积占总面积的比率分级表示，用以评定植株或器官（或地块）的发病严重程度。发病严重级别低，则发病轻，反之，则发病重。调查草地病害严重度时，要有分级标准，分级标准可以病斑数量、发病面积、发病株数等所占的比例而定，但适合的分级标准需在大量的工作中反复验证才能确定。

近年来，为了适应计算机分析，严重度常采用0~9共10级表示法。表5-2-1是国际通用的标准分级体系（SES），在实际应用中，常用0、1、3、5、7、9级。

表5-2-1 植物发病严重度分级法

代表值	病情
0	无可见症状
1	病斑（或病株）占样本面积（或样本株）1%~3%（1~2个病斑）
2	病斑（或病株）占样本面积（或样本株）4%~10%（<10个病斑）
3	病斑（或病株）占样本面积（或样本株）11%~25%
4	病斑（或病株）占样本面积（或样本株）26%~50%
5	病斑（或病株）占样本面积（或样本株）51%~75%
6	病斑（或病株）占样本面积（或样本株）76%~85%
7	病斑（或病株）占样本面积（或样本株）86%~90%
8	病斑（或病株）占样本面积（或样本株）91%~95%
9	病斑（或病株）占样本面积（或样本株）96%以上

3. 病情指数

病情指数表示发病普遍程度和严重程度的综合指标。

$$\text{病情指数}=\frac{\sum \text{病株（叶）数}\times\text{该级严重度代表值}}{\text{调查总株数}\times\text{发病最重级严重代表值}}\times 100\%$$

病情指数是将发病率和严重度两者合在一起，用一个数值来代表发病程度，对调查和实验结果的分析是有利的。在比较防治效果和研究环境条件对病害的影响等方面常采用这一计算方法。但是，病情指数计算法如果使用不当也可能发生一定偏差。此外，病情指数含有发生量和严重度两方面的因素，有时看不出是发生量不同，还是严重度不同。

三、材料工具

手持放大镜、显微镜、镊子、刀片等。

四、人员准备

人员分组，每组5人。明确职责分工。

任务角色	任务内容
组长：	任务：
组员1：	任务：
组员2：	任务：
组员3：	任务：
组员4：	任务：

任务筹划

一、内容筹划

1. 了解植物病害的田间调查方法

掌握病害的发生、为害程度及防治效果的计算方法。

2. 确定调查时期和次数

根据调查目的结合病害发生时期和为害情况来确定，如果了解一般发生为害情况，则在发病盛期进行一次调查即可；如果观察病害的发生发展及症状的变化，就必须从播种到收获进行系统调查（如饲用牧草栽培生长中可能出现的病害发生规律调查）。

3. 明确取样方法

取样要有代表性，选点和取样数目中病害种类、性质和环境决定。为了使调查样点具有代表性，一般采用棋盘式、双对角线或“Z”形取样等形式取样。

4. 草地植物病害的计量

通常用发病率、严重度和病情指数来计量。

5. 记载和统计分析

采用统一的记载标准对所调查的病害进行认真记载和统计。

二、方法筹划

（1）掌握牧草病害田间诊断的方法，注意区分侵染性病害和非侵染性病害。

（2）熟悉实验室鉴定方法（通过菌种的培养判断致病菌种类）。

三、流程筹划

（1）准备工作。
（2）踏查。
（3）样地调查。
（4）调查资料的统计与整理。

任务实施

步骤一：
步骤二：
步骤三：
步骤四：
步骤五：
步骤六：
步骤七：

任务评价

工作任务完成过程评价表

<table>
<tr><td>班级：</td><td>姓名：</td><td>学号：</td><td rowspan="3">综合得分：

教师签字：</td></tr>
<tr><td>自评得分（占 30%）：</td><td>互评得分（占 30%）：</td><td>教师评得分（占 40%）：</td></tr>
<tr><td>日期：</td><td>日期：</td><td>日期：</td></tr>
</table>

<table>
<tr><th colspan="7">考核评分细则</th></tr>
<tr><th>序号</th><th>考核项目</th><th>考核标准</th><th>考核方式</th><th>分值</th><th>评分要求</th><th>得分</th></tr>
<tr><td>1</td><td>病害观察</td><td>①正确分辨不同病害
②说出病害的为害部位
③说出病害的为害特征</td><td rowspan="2">现场识别考核、问答考核</td><td>25</td><td>未完成一项扣 8 分，扣分不得超过 25 分</td><td></td></tr>
<tr><td>2</td><td>病害诊断</td><td>①判断侵染与非侵染
②说出病害症状及病原</td><td>25</td><td>未完成一项扣 10 分，扣分不得超过 25 分</td><td></td></tr>
</table>

（续表）

考核评分细则						
序号	考核项目	考核标准	考核方式	分值	评分要求	得分
4	任务报告	①完成认真，内容正确 ②为害特征描述清楚 ③防治方法有效	评阅 考核	25	未完成一项扣8分，扣分不得超过25分	
5	学习态度	①具有团队协作精神 ②具备科学严谨的态度 ③观察认真，发言积极 ④遵纪守法，爱护公物	自评、互评和师评相结合	25	未完成一项扣5分，扣分不得超过25分	
总分						

项目检测

请扫描右侧二维码答题。

项目六 调查虫害

项目导读

植物害虫的防治，必须掌握种群在时间上和空间上的数量变化，在虫情调查的基础上对调查数据进行统计与分析，作出正确的虫情分析与判断，为预测预报和防治打下基础。虫害调查的内容一般包括发生期调查和为害情况调查，病虫或天敌发生规律调查，越冬情况调查及防治效果调查。

野外调查所需物品和设备

样地生境调查汇总表

【知识目标】

1. 明确调查目的和内容。
2. 采取正确的取样和统计方法。
3. 能通过走访等方式了解虫害发生情况。
4. 了解草地虫害的种类、分布、为害程度、发生特点、防治状况等。

【技能目标】

1. 能根据虫害发生情况及生态类型选择正确的调查方法。
2. 掌握不同虫害调查数据的记录方法。

3. 掌握调查资料的计算和统计方法。

【素质目标】

1. 树立安全意识。熟知野外工作安全常识，能保障个人人身安全。

2. 遵守野外工作纪律，能恰当有效地利用时间，有效地制订计划并实施，按时完成各项任务。

3. 主动承担工作任务及责任，尊重他人及其意见，遵从集体决策，遵守各种行为规范和操作规范。

4. 树立严谨求实的科学态度。

【思政目标】

1. 懂农牧业、爱农牧民、爱农村牧区，做农牧人、干农牧事，增强投身“三农”的自豪感。

2. 能尊重自然、爱护自然，践行人与自然和谐、绿色发展理念，成为具有生态理念、生态情怀和生态技能的生态文明建设者。

任务一　采集与制作昆虫标本

任务导入

采集昆虫标本是研究昆虫最基础的工作，也是最基本的技能。各种昆虫的栖息场所、为害寄主的种类及寄主被害的部位都不相同，根据上述情况在天然草地实训区域不同植株不同环境采集昆虫并制作标本。

任务工单

班级：__________ 姓名：__________ 学号：__________

任务名称	采集与制作昆虫标本
任务描述	根据实际情况，填写本任务的内容、目的、流程和方法。 任务内容：____________________ ____________________。 任务目的：____________________ ____________________。

（续表）

<table>
<tr><td>任务描述</td><td colspan="4">任务流程：________________________________
________________________________。
任务方法：________________________________
________________________________。</td></tr>
<tr><td>获取信息</td><td colspan="4">要完成任务，需要掌握相关的知识。请收集资料，回答以下问题。
1. 采集昆虫标本的注意事项有哪些？
2. 不同捕虫工具的使用对象是什么？
3. 采集昆虫的最佳时间如何确定？
4. 标本制作工具使用注意事项有哪些？
5. 玻片标本制作方法是什么？</td></tr>
<tr><td>制订计划</td><td colspan="4"></td></tr>
<tr><td rowspan="6">任务实施</td><td colspan="4">按照预先制订的工作计划，完成本任务，并记录任务实施过程。</td></tr>
<tr><td>序号</td><td>完成的任务</td><td>遇到的问题</td><td>解决办法</td></tr>
<tr><td></td><td></td><td></td><td></td></tr>
<tr><td></td><td></td><td></td><td></td></tr>
<tr><td></td><td></td><td></td><td></td></tr>
<tr><td></td><td></td><td></td><td></td></tr>
</table>

（续表）

任务评价	评价表					
	项目	评价内容	分值	自评	互评	师评
	知识技能	按要求选择正确的采集对象和环境	10			
		完成针插标本的制作（10头）	10			
		完成液浸标本的制作（10头）	10			
		标本分类保存	10			
		标签的制作正确且完整	10			
	任务进度	完成采集、制作与保存（10分）；完成采集、制作（7分）；完成部分采集与制作（5分）	10			
	任务质量	采集、插针、浸渍液配制等是否正确	10			
	素养表现	团结协作、科学严谨、认真务实、善于学习	15			
	思政表现	在标本采集过程中注意保护植物及其他生物；采集有计划有方向	15			

任务准备

一、知识准备

1. 标本采集

（1）采样对象。采集全部可获得的昆虫类群，尽可能包括各种虫态，重点是成虫。

（2）采样环境。昆虫标本和样品采集涉及的环境可主要分为地面、土壤、水及植物表面等。在采集过程中，要注意采集环境的多样性，选取不同海拔高度、不同地形、不同坡度、不同土质的环境，进行草原有害昆虫标本和样品的采集。

（3）标本数量。采集标本的时候，每种昆虫标本都要采集一定的数量，原则上越多越好。每种昆虫标本数量不少于20头，对于现场不能确定的种类，应尽量多采集标本。

（4）野外信息记录。野外采集信息记录非常重要，通常需要用到记录本、记录笔、标签纸、GPS仪、照相设备、植物标本夹等。需要记录的信息如下。

①采集地点。由大到小，具体到最小的地方。

②采集时间。年份和日期用阿拉伯数字，但是月份要用罗马数字表示，如2019. Ⅵ .02，以免日月混淆。

③采集人。务必写清楚采集人，为后人的研究提供方便（如需要追溯采集时的相关信息等）。

④采集经纬度、海拔信息。用GPS记录经纬度和海拔信息，既有利于后续研究，又便于后人想再次采集时的定位等。

⑤寄主及生境。尽量记录寄主信息及采集的环境，尽可能拍摄寄主及生境的照片，留存影像资料。对于不认识的寄主植物，可采集标本，用植物标本夹带回鉴定。

⑥采集方式。记录采集时所用的方法，如灯诱、扫网等。

⑦拍照要点。整体拍摄调查地生境、取样样方，具体拍摄昆虫生态照、寄主植物为害状等。

（5）操作步骤总结。采集有害昆虫标本→制作采集信息标签（保证每管一个标签）→拍照→确定寄主植物。

2. **标本制作**

（1）针插标本。制作针插标本时，根据虫体的大小选择不同型号的昆虫针。针插的位置根据昆虫类群有所不同，主要的几种针插位置如图6-1-1所示。

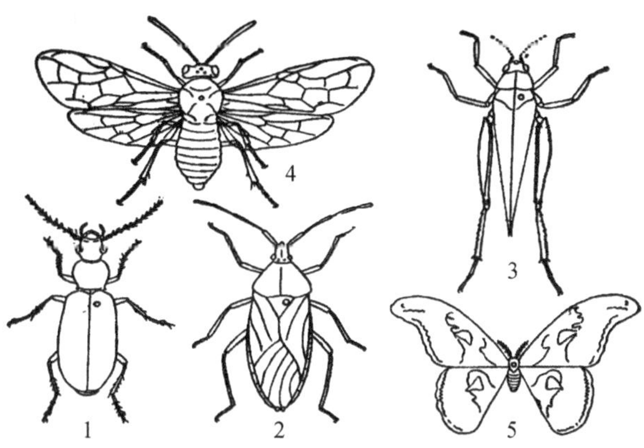

1. 鞘翅目；2. 半翅目；3. 直翅目；4. 膜翅目；5. 鳞翅目。

图6-1-1　昆虫标本插针位置

（仿　彩方志等，2011. 普通昆虫学）

鳞翅目、蜻蜓目、膜翅目、双翅目等插在中胸微偏右（勿插在胸部中线上）；半翅目、同翅目要插在小盾片中线右侧；鞘翅目插在右鞘翅左上角；直翅目插在前胸背板中线右侧。

（2）粘贴标本。一些个体比较小的标本，为了不破坏标本的完整性，也可以选择粘贴在三角签上或者长方形纸签上，然后再将纸签插于昆虫针上。制作时也要注意所有粘贴标本的纸签在昆虫针上的高度保持一致。粘贴标本一般使用水溶性的胶水，如木工白胶、阿拉伯糖胶等，方便日后需要时取下标本。

（3）液浸标本。对于原尾目、弹尾目、双尾目、缨尾目、蜉蝣目等类群的标本及一些类群的幼期或蛹期标本，需要制作成液浸标本长期保存。通常可以把标本直接放入 75% 的乙醇中浸泡。但是由于乙醇易挥发，因此浸泡标本需要经常检查，适时填补液体。

（4）玻片标本的制作。步骤如下。

①标本的净化。将标本投入 5%~10% 的氢氧化钾溶液（浓度视不同昆虫体壁的厚度和坚硬程度而定）中，在水浴中煮沸 5~10 min，也可常温或者用温热的氢氧化钾溶液浸泡，则所需时间延长。此步骤为了去除标本的内脏和肌肉等影像玻片标本的透光、妨碍观察的部分。

②洗涤。用氢氧化钾溶液净化后的标本，必须用清水漂洗，至少三次。对于较大的标本，可用流水冲洗。同时用解剖针清理没有溶解的内部组织。

③脱水。脱水是玻片标本制作过程中最重要的一步。常用的脱水剂是不同浓度的乙醇。将洗涤后的标本经由 30%、50%、70%、85%、95%、100% 的乙醇逐步脱水。脱水过程必须按照乙醇浓度由低到高逐步进行，在各浓度中的停留时间要控制在数分钟左右，最好用 100% 乙醇脱水两次，以保证将水脱干净，细小的标本需要直接放在玻片上脱水。

④透明。经脱水后的标本，为使特征更加清晰，镜检时透光程度更高，可将彻底脱水后的标本放入二甲苯或香柏油中搁置几分钟进行透明处理。

⑤封片。将处理好的标本放在载玻片上，滴上胶，再加盖玻片即可。封片时要注意载玻片和盖玻片都必须很干净、透亮、干燥，标本要放置在玻片的中心，滴胶时争取一次滴好，盖玻片要一端接触胶，再慢慢放下，以免出现气泡。封片用胶为加拿大树胶或光学树脂。

⑥贴标签。每张玻片应有两张标签，各贴在片子的一端。左边的标签写标本名称、鉴定人、编号等信息，右边的标签写寄主、采集日期、采集地点、采集人等信息。

（5）标签的制作。所有采集的草原害虫标本均采用统一的标签模板，用硬卡纸打印出来后裁切，尽可能详细地记录标本的采集信息。标签的尺寸为 15 mm × 8 mm。每个标本使用标签数量的原则是：所有采集信息能够在一个标签上体现出来的，就用一个标签，如果一个标签记录不完，则用两个标签，以此类推。

3. 标本的保存

（1）针插标本保存。绝大部分类群的昆虫标本将采用针插标本的方式进行长期保存，后定期检查有无虫蛀、霉变等情况，确保长期保存。

（2）浸泡标本保存。对于半翅目蚜虫类等类群、昆虫幼期、蛹期等虫态的标本，将采用乙醇浸泡的方式长期保存。

（3）玻片标本保存。微小昆虫如蚜虫、蓟马、蚧壳虫等类群的标本，除乙醇浸泡标本之外，还需制成玻片标本

草原昆虫标本（样品）采集、制作及保存技术规范

永久保存，玻片标本的制作方法如前所述。

二、材料工具及教学场所准备

1. 材料工具

采集工具：捕虫网、毒瓶、吸虫管、指形管、活虫采集盒、采集箱（盒）、诱虫灯、放大镜、三角纸包；

标本制作工具：昆虫针、三级台、展翅板、三角台纸、黏虫胶、指形管、浸渍液、标签等。

2. 教学场所

实验室。

三、人员准备

人员分组，每组 5 人。明确职责分工。

任务角色	任务内容
组长：	任务：
组员 1：	任务：
组员 2：	任务：
组员 3：	任务：
组员 4：	任务：

任务筹划

一、内容筹划

1. 掌握昆虫干制标本的制作方法

（1）针插：用于制作和保存各种成虫。注意：针插部位随昆虫种类而异，一方面为了插得牢固，另一方面为了不因插针破坏了虫体的鉴定特征；插针后，用三级台调整虫体在针上的高度，针的顶端与虫体之间应留有 8 mm 的高度。

（2）展翅：蛾、蝶等昆虫，针插后还需要展翅。展翅标准：鳞翅目昆虫以两前翅后缘左右成一直线为准；脉翅目和蜻蜓目，则以后翅前缘左右成一直线为准；蝇类和蜂类要以前翅的尖端和头相齐为准。

（3）整姿：鞘翅目和大多数半翅目昆虫插针后需行整姿。使前足向前、中足向两侧、后足向后，触角短的伸向前方，长的伸向背两侧，使之保持自然姿态。

（4）胶黏法：一些小型昆虫标本可用胶黏法，即先将三角纸底部插在昆虫针上，然后用黏虫胶将小虫粘在三角台纸的尖端（纸尖粘在昆虫的前足与中足间），三角台纸的尖端向左，虫的前端向前。注意：切勿粘住腹面及足的任何部位。

（5）二重针插法：适用于只能用微针（00 号短针）针插的小型昆虫。将针尖插在虫体的后胸中央之后，再把针头插在三角或方形软木板上，附上标签即成。

2. 掌握针插标本的分类鉴定与保存方法

经过以上处理的针插干燥标本，必须放在标本盒内保存。标本盒通常为木质（纸质）盒加透明玻璃盖。盒底需要垫一层厚 2~3 cm 的软质泡沫，便于针插标本的放置，盒内应放樟脑防腐。

二、流程筹划

（1）按要求选择并确定采样对象与环境。

（2）利用不同方法完成昆虫采集。

（3）捕虫过程中完成采集数据的记录与整理。

（4）完成各类昆虫标本制作。

（5）完成标签制作。

（6）整理并分类保存。

三、方法筹划

1. 昆虫标本采集

（1）确定采集对象。采集全部可获得的昆虫类群，尽可能包括各种虫态，重点是成虫。

（2）采集足够数量。每个种的昆虫标本数量不少于 20 头，对于现场不能确定的种类，应尽量多采集标本。

（3）野外信息记录。采集时间、采集地点、采集人、采集环境等，并制作采集信息标签。

2. 针插标本制作

（1）展翅、整姿

鳞翅目需展翅；鞘翅目等要整姿，使前足向前、中足向两侧、后足向后，触角短的伸向前方，长的伸向背两侧，使之保持自然姿态。

（2）插针

按图 6–1–2 所示位置插针。

（3）三级台的使用。用三级台调整虫体在针上的高度，针的顶端与虫体之间应留有 8 mm 的高度。

3. 浸渍标本制作

（1）选择可制作的昆虫类型。原尾目、弹尾目、双尾目、缨尾目、蜉蝣目等类群的标本及一些类群的幼期或蛹期标本，需要制作成液浸标本。

（2）浸泡。直接放入 75% 的乙醇中浸泡。

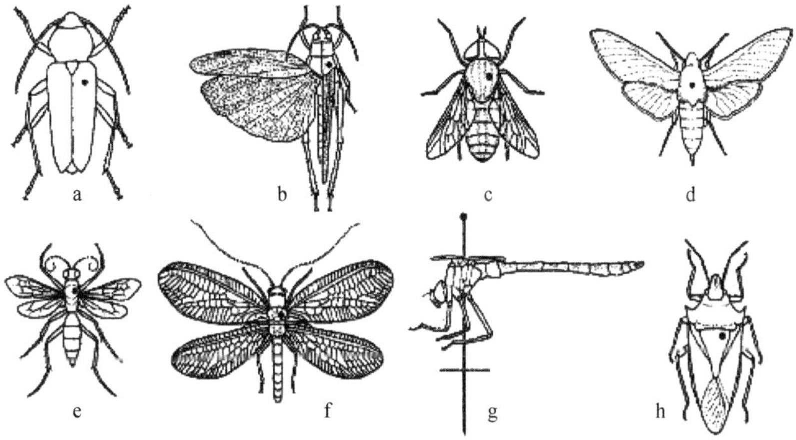

a. 鞘翅目；b. 直翅目；c. 双翅目；d. 鳞翅目；e. 膜翅目；f. 脉翅目；g. 蜻蜓目；h. 半翅目。

图6-1-2 昆虫插针位置

4. 玻片标本制作

去除标本的内脏和肌肉等影像玻片标本的透光、妨碍观察的部分。用清水漂洗至少三次，按照乙醇浓度由低到高逐步进行脱水，将彻底脱水后的标本放入二甲苯或香柏油中搁置几分钟进行透明处理。将处理好的标本放在载玻片上，滴上胶，再加盖玻片即可。最后每张玻片应有两张标签，各贴在片子的一端。

5. 标本保存

（1）针插标本保存。完成的针插标本按种类存入标本盒，后定期检查有无虫蛀、霉变等情况，确保长期保存。

（2）浸泡标本保存。对于半翅目蚜虫类等类群、昆虫幼期、蛹期等虫态的标本，采用乙醇浸泡的方式长期保存。

（3）玻片标本保存。微小昆虫如蚜虫、蓟马、蚧壳虫等类群的标本需制成玻片标本永久保存。

任务实施

步骤一：

步骤二：

步骤三：

步骤四：

步骤五：

步骤六：

步骤七：

任务评价

工作任务完成过程评价表

班级：____________ 组别：____________ 姓名：____________

项目	评分标准	自我评价	小组评价	教师评价
标本采集（30分）	按要求选择采样的对象和环境（10分）			
	采集数不少于20头（10分）			
	有详细野外采集数据记录（10分）			
标本制作（50分）	针插标本制作方法正确，插针位置无误（10分）			
	液浸标本制作方法正确（10分）			
	粘贴标本的制作方法正确（10分）			
	玻片标本的制作步骤与方法正确（10分）			
	标签制作正确且信息完整（10分）			
标本保存（20分）	正确掌握不同类型标本的保存方法（10分）			
	正确鉴定昆虫种类（10分）			
合计				
自我评价与总结				
教师点评				

任务二 调查地下虫害

任务导入

为了有效地防治草地地下虫害，必须了解地下害虫的种类及为害程度，唯一的方法是进行实地调查。通过对地下害虫的调查，将所得数据和基本情况进行计算整理与分析比较，便可得到比较可靠的资料，这是进行预测和指导防治的主要依据。地下害虫的类群主要包括蛴螬、蝼蛄、金针虫等。地下害虫有其自身的分布和为害特点，采取适当的方法进行调查，对于草地地下害虫的防治具有重要意义。

任务工单

班级:____________ 姓名:____________ 学号:____________

任务名称	调查地下虫害
任务描述	根据实际情况，填写本任务的内容、目的、流程和方法。 任务内容:____________ ____________。 任务目的:____________ ____________。 任务流程:____________ ____________。 任务方法:____________ ____________。
获取信息	要完成任务，需要掌握相关的知识。请收集资料，回答以下问题。 1. 草地地下昆虫类群有哪些? 2. 地下害虫调查样地的选择与样方的设置是什么? 3. 调查方法有哪些?

（续表）

<table>
<tr><td rowspan="2">获取信息</td><td colspan="6">4. 地下害虫调查注意事项有哪些？</td></tr>
<tr><td colspan="6">5. 调查数据的统计分析方法有哪些？</td></tr>
<tr><td>制订计划</td><td colspan="6"></td></tr>
<tr><td rowspan="6">任务实施</td><td colspan="6">按照预先制订的工作计划，完成本任务，并记录任务实施过程。</td></tr>
<tr><td>序号</td><td>完成的任务</td><td colspan="2">遇到的问题</td><td colspan="2">解决办法</td></tr>
<tr><td></td><td></td><td colspan="2"></td><td colspan="2"></td></tr>
<tr><td></td><td></td><td colspan="2"></td><td colspan="2"></td></tr>
<tr><td></td><td></td><td colspan="2"></td><td colspan="2"></td></tr>
<tr><td></td><td></td><td colspan="2"></td><td colspan="2"></td></tr>
<tr><td rowspan="8">任务评价</td><td colspan="6">评价表</td></tr>
<tr><td>项目</td><td>评价内容</td><td>分值</td><td>自评</td><td>互评</td><td>师评</td></tr>
<tr><td rowspan="5">知识技能</td><td>样地选择覆盖各类地形</td><td>15</td><td></td><td></td><td></td></tr>
<tr><td>选择正确的调查方法</td><td>15</td><td></td><td></td><td></td></tr>
<tr><td>科学利用各类工具完成调查工作</td><td>10</td><td></td><td></td><td></td></tr>
<tr><td>调查有计划、有记录</td><td>15</td><td></td><td></td><td></td></tr>
<tr><td>数据分析方法、结果正确</td><td>15</td><td></td><td></td><td></td></tr>
<tr><td>任务质量</td><td>按技术规范完成调查及数据记录</td><td>15</td><td></td><td></td><td></td></tr>
</table>

（续表）

<table>
<tr><td rowspan="6">任务评价</td><td colspan="6">评价表</td></tr>
<tr><td>项目</td><td>评价内容</td><td>分值</td><td>自评</td><td>互评</td><td>师评</td></tr>
<tr><td rowspan="3">素养表现</td><td>通过小组讨论与自学，利用信息化教学资源、互联网等完成工作任务（5分）</td><td rowspan="3">15</td><td></td><td></td><td></td></tr>
<tr><td>认真思考，积极动手，动脑（5分）</td><td></td><td></td><td></td></tr>
<tr><td>积极参与小组合作与交流，配合默契，共同完成（5分）</td><td></td><td></td><td></td></tr>
<tr><td>总评</td><td colspan="5"></td></tr>
<tr><td colspan="2">自我评价与总结</td><td colspan="5"></td></tr>
<tr><td colspan="2">教师评价</td><td colspan="5"></td></tr>
</table>

任务准备

一、知识准备

1. 天然草地及饲草地常见地下害虫类群

（1）直翅目蝼蛄。蝼蛄为土栖昆虫，前足开掘足，胫节宽，具4齿，跗节基部2齿，构成开掘足。1~3年发生一代，是重要的地下害虫，如华北蝼蛄和东方蝼蛄。

（2）鳞翅目夜蛾科。包括2万多种，其中有很多为害草地植被的种类，通常以幼虫为主要为害虫期，幼虫体粗壮，光滑，少毛，色较深。腹足通常5对（其中的1对臀足发达），但也有少数种类仅为4对或3对，即第3腹节或第3、第4两个腹节的腹足退化。卵多数为圆球形或略扁，表面常有放射状的纵脊纹，散产或成堆产于寄主植物或土面上。绝大多数幼虫植食性，为害方式多种多样，如地老虎类钻入地下为害，咬断植株根茎、幼苗。

（3）鞘翅目叩头甲科。小至中型，多为灰色、褐色或棕色。触角 11~12 节，锯齿状、栉齿状或丝状，形状常因性别不同而异。前胸背板后缘角突出成锐刺，前胸与鞘翅相接处明显凹陷，前胸腹板具有向后延伸的刺状突，插入中胸腹板的凹沟内，能作有力的叩头状活动。足较短，跗节 5 节。腹部可见 5 节。幼虫通称金针虫，体细长，体壁光滑坚韧，头和末节特别坚硬，生活在土中，取食植物的根、块茎和地下的种子，是重要的地下害虫。

2. 地下昆虫调查方法

一般采用深土层陷阱收集法。每块标准地面积 0.5 hm^2 左右，每块标准地布设深土层陷阱收集器不少于 3 个。首次布设后静置 6 个月，之后每年的 3 月中旬、6 月中旬和 9 月中旬各收集一次。详细记录昆虫种类、种群数量、寄主植物、草地类型，保留采集昆虫现场影像照片。

二、材料工具及教学场所准备

1. 材料和工具

马氏网、诱虫黄板、摄像机、照相机、海拔仪、温湿度计、土钻、铁锹、测绳、样线等。

2. 教学场所

实训基地、试验田及实验室。

三、人员准备

人员分组，每组 5 人。明确职责分工。

任务角色	任务内容
组长：	任务：
组员 1：	任务：
组员 2：	任务：
组员 3：	任务：
组员 4：	任务：

任务筹划

一、内容筹划

（1）掌握地下昆虫调查原则和方式。

（2）掌握地下害虫种类调查和数量调查的方法。

二、流程筹划

（1）标准样地确定。
（2）依据不同环境设置样方并采样。
（3）记录昆虫种类、种群数量、寄主植物。
（4）采集昆虫现场影像。
（5）查资料的计算和统计。

三、方法筹划

样方法调查统计表

<table>
<tr><td>标准地编号</td><td colspan="2"></td><td>调查地名称</td><td></td><td>样方编号</td><td></td><td>标准地面积</td><td></td></tr>
<tr><td>草原类型</td><td colspan="2"></td><td>标准地设立时间</td><td colspan="2"></td><td>负责人</td><td colspan="2"></td></tr>
<tr><td colspan="9">标准地位置（经度：　　　　　纬度：　　　　海拔：　　　　　）</td></tr>
<tr><td colspan="9">地表特征（地形：　　　　　　坡位：　　　　坡向：　　　　　坡度：　　　　　）</td></tr>
<tr><td>昆虫种类</td><td>种群密度/（头/m²）</td><td>为害部位</td><td>寄主植物</td><td>草地类型</td><td>影像照片</td><td>调查人</td><td>调查时间</td><td>备注</td></tr>
<tr><td></td><td></td><td></td><td></td><td></td><td></td><td></td><td></td><td></td></tr>
<tr><td></td><td></td><td></td><td></td><td></td><td></td><td></td><td></td><td></td></tr>
<tr><td></td><td></td><td></td><td></td><td></td><td></td><td></td><td></td><td></td></tr>
<tr><td></td><td></td><td></td><td></td><td></td><td></td><td></td><td></td><td></td></tr>
<tr><td></td><td></td><td></td><td></td><td></td><td></td><td></td><td></td><td></td></tr>
<tr><td></td><td></td><td></td><td></td><td></td><td></td><td></td><td></td><td></td></tr>
<tr><td></td><td></td><td></td><td></td><td></td><td></td><td></td><td></td><td></td></tr>
<tr><td></td><td></td><td></td><td></td><td></td><td></td><td></td><td></td><td></td></tr>
<tr><td></td><td></td><td></td><td></td><td></td><td></td><td></td><td></td><td></td></tr>
<tr><td></td><td></td><td></td><td></td><td></td><td></td><td></td><td></td><td></td></tr>
</table>

填表说明：

1. 此表为样方法调查统计表。以种类为单位，计算每块标准地内所有样方平均种群密度，并填报发生面积。

2. 昆虫种类、为害部位、草地类型、寄主植物、地表特征和调查时间等通过草原有害生物普查系统选择。

3. 种群密度、影像照片和调查人等由人工填写。

地下害虫调查统计表

地点	土壤植被情况	样坑号	样坑深度	害虫名称	虫期	虫口数	备注

诱虫灯（引诱剂）调查记录表

马氏网收集记录表

任务实施

步骤一：
步骤二：
步骤三：
步骤四：
步骤五：
步骤六：
步骤七：

任务评价

工作任务完成过程评价表

班级：________ 组别：________ 姓名：________

项目	评分标准	自我评价	小组评价	教师评价
样方设置（20分）	按要求确定样地（5分）			
	根据普查结果设置正确的样方（10分）			
	详细记录草地类型、植被类型（5分）			

（续表）

项目	评分标准	自我评价	小组评价	教师评价
开展调查（45分）	正确采集土样（10分）			
	正确鉴定幼虫、卵、蛹的类型（15分）			
	正确鉴定成虫类型（10分）			
	数据记录完整（10分）			
数据处理分析（35分）	虫口密度的计算正确（15分）			
	综合分析结果正确（20分）			
合计				
自我评价与总结				
教师点评				

任务三　调查地面虫害

任务导入

害虫因为种类或虫期不同，为害部位和分布型也有差异。在实际调查中，根据调查目的、任务、对象，通常采用一般调查和详细调查相结合的方法。一般调查又称虫害普查或虫害基本情况调查，选择具有代表性的路线用目测法了解草地害虫种类、分布、为害程度、发生特点、防治状况等，调查较粗略。详细调查是在普查基础上，为进一步查清害虫的种类组成、空间分布型、发生数量、为害程度、防治效果而进行的详细调查。害虫种类的调查方法主要是草地采集调查，可辅以灯光诱集、潜所诱集、色板诱集和性引诱等方法。草地采集调查一般整年定期进行，采取普查方式，每 10~15 d 调查一次，采集害虫和益虫的标本，记载其为害虫态和植物的被害状。要求学生根据试验田实际虫害发生情况完成调查。

任务工单

班级：____________　　姓名：____________　　学号：____________

任务名称	调查地面虫害
任务描述	根据实际情况，填写本任务的内容、目的、流程和方法。 任务内容：____________________。 任务目的：____________________。 任务流程：____________________。 任务方法：____________________。
获取信息	要完成任务，需要掌握相关的知识。请收集资料，回答以下问题。 1. 草地昆虫的类群有哪些？ 2. 虫害调查的方法有哪些？如何运用？ 3. 地面虫害调查的内容应该包括什么？

（续表）

<table>
<tr><td></td><td colspan="6">4. 地面虫害调查注意事项有哪些？

5. 调查数据的统计分析方法有哪些？</td></tr>
<tr><td>制订计划</td><td colspan="6"></td></tr>
<tr><td rowspan="6">任务实施</td><td colspan="6">按照预先制订的工作计划，完成本任务，并记录任务实施过程。</td></tr>
<tr><td>序号</td><td>完成的任务</td><td colspan="3">遇到的问题</td><td>解决办法</td></tr>
<tr><td></td><td></td><td colspan="3"></td><td></td></tr>
<tr><td></td><td></td><td colspan="3"></td><td></td></tr>
<tr><td></td><td></td><td colspan="3"></td><td></td></tr>
<tr><td></td><td></td><td colspan="3"></td><td></td></tr>
<tr><td rowspan="12">任务评价</td><td colspan="6">评价表</td></tr>
<tr><td>项目</td><td>评价内容</td><td>分值</td><td>自评</td><td>互评</td><td>师评</td></tr>
<tr><td rowspan="5">知识技能</td><td>样地选择覆盖各类地形</td><td>15</td><td></td><td></td><td></td></tr>
<tr><td>选择正确的调查方法</td><td>15</td><td></td><td></td><td></td></tr>
<tr><td>科学利用各类工具完成调查工作</td><td>10</td><td></td><td></td><td></td></tr>
<tr><td>调查有计划、有记录</td><td>15</td><td></td><td></td><td></td></tr>
<tr><td>数据分析方法、结果正确</td><td>15</td><td></td><td></td><td></td></tr>
<tr><td>任务质量</td><td>按技术规范完成调查及数据记录</td><td>15</td><td></td><td></td><td></td></tr>
<tr><td rowspan="3">素养表现</td><td>通过小组讨论与自学，利用信息化教学资源、互联网等完成工作任务（5 分）</td><td rowspan="3">15</td><td></td><td></td><td></td></tr>
<tr><td>认真思考，积极动手，动脑（5 分）</td><td></td><td></td><td></td></tr>
<tr><td>积极参与小组合作与交流，配合默契，共同完成（5 分）</td><td></td><td></td><td></td></tr>
<tr><td>总评</td><td colspan="5"></td></tr>
</table>

（续表）

自我评价与总结	
教师评价	

任务准备

一、知识准备

1. 草地虫害调查的概念

草地虫害调查是指通过一系列方法和技术，系统地收集、观察和分析与草地虫害相关的信息，以了解虫害的发生情况、分布范围、为害程度等，为有效的虫害管理和防治提供科学依据。

2. 草地虫害调查的目的

草地病虫害调查，是为了摸清一定区域内病虫害的种类、数量、为害程度、发生发展规律、在时间和空间上的分布类型及天敌、寄主等情况，为虫害的预测预报和制定正确的防治方案提供科学依据，也是检查防治药效的必要技术手段。

（1）基本概念。

普查：是在大面积地区进行虫害的全面调查。

专题调查：是对某一地区某种虫害进行深入细致的专门调查。

虫口密度：是指单位面积或每一株草上害虫的平均数量，它表示害虫发生的严重程度。

有虫株率：是指有虫株数占调查总株数的百分比，它表明害虫分布的均匀程度。

（2）草地虫害调查的原则。

害虫调查基本原则：明确调查目的和内容；采取正确的取样和统计方法；依靠群众了解基本情况。

草地害虫调查的内容可以是多种多样的，如查明某地草地害虫和益虫的种类及不同种类的数量对比；明确当地主要害虫和次要害虫种类；明确主要益虫种类；调查某种害虫和益虫的寄主范围、越冬虫态及场所、为害程度、发生数量、发育进度和防治效果等。

3. 草地虫害调查的方式

害虫因为种类或虫期不同，为害部位和分布型也有差异。在实际调查中，根据调查目的、任务、对象，通常采用一般调查和详细调查相结合的方法。一般调查又称普查或虫害基本情况调查，选择具有代表性的路线用目测法了解草地害虫种类、分布、为害程度、发生特点、防治状况等，调查较粗略。详细调查是在普查基础上，为进一步查清害虫的种类组成、空间分布型、发生数量、为害程度和防治效果而进行的详细调查。

4. 害虫数量调查

害虫数量调查对于了解害虫的发生规律、预测预报和防治效果都是十分重要的。害虫数量调查一般采用取样调查的方法，即抽取有代表性的田块或地段，选择有代表性的样点，对所取样点内的昆虫进行调查，要求样点接近全局，能代表全局。取样调查主要由取样方式、取样单位和样本数量 3 项因素组成。这 3 项因素都要求有代表性，否则会影响调查结果的准确性。

害虫数量调查的取样方式和样本数量与害虫的空间分布型关系密切。昆虫的空间分布型常因昆虫种类和虫态而不同。常见的分布型有 3 种，即随机分布型、核心分布型和嵌纹分布型。

黄板（黄盘）诱集记录表

5. 工作步骤

（1）制订计划：确定调查的目标、范围和时间。

（2）培训人员：确保调查人员熟悉调查方法和标准。

（3）实地调查：按照计划进行实地观察和样本采集。

（4）数据记录：详细记录虫害的相关信息。

（5）数据分析：对收集的数据进行统计和分析。

二、材料工具及教学场所准备

1. 材料和工具

马氏网、诱虫黄板、摄像机、照相机、海拔仪、温湿度计、土钻、铁锹、测绳、样线等。

2. 教学场所

实训基地、试验田及实验室。

三、人员准备

人员分组，每组 5 人。明确职责分工。

任务角色	任务内容
组长：	任务：
组员 1：	任务：
组员 2：	任务：
组员 3：	任务：
组员 4：	任务：

任务筹划

一、内容筹划

1. 地面昆虫调查类型与方法

一般采用样方法。每块标准地面积 0.5 hm^2 左右，标准地内设立样方数量不少于 10 个，每个样方面积 1 m^2。调查每个样方内所有昆虫种类、种群密度（头 /m^2）、寄主植物、草地类型，采集昆虫现场影像照片，计算并统计每块标准地内平均种群密度和发生面积。叶甲类、鳞翅目幼虫等昆虫的调查一般采用标准株（株丛）法。每块标准地面积 0.25 hm^2 左右，每块标准地内选择不少于 10 个取样点，每个取样点随机选择至少 10 株或 10 株丛，统计每株或每株丛上的所有昆虫种类、种群密度（头 / 株、头 / 株丛）、寄主植物、草地类型，采集昆虫现场影像照片，计算并统计每块标准地内平均种群密度和发生面积。

2. 辅助调查手段

（1）诱虫灯调查。诱虫灯的布设、开灯时间及诱捕时段和昆虫收集等具体方法可参照产品使用说明书使用。记录诱捕到的昆虫种类、数量、地点等信息，采集现场影像照片。

（2）引诱剂调查。根据引诱剂有效距离合理挂放诱捕器（诱捕剂），并在引诱剂的有效期内进行诱捕昆虫数量调查。具体使用方法可参照产品使用说明书。记录诱捕到的昆虫种类、数量、地点等信息，采集现场影像照片。

（3）黄板（黄盘）诱集法。根据黄板（黄盘）诱集器使用说明书要求，合理布设并统计诱集结果，记录诱集到的昆虫种类、数量、地点等信息，采集现场影像照片。

（4）马氏网。马氏网具体布设及使用方法参照产品使用说明书。记录收集到的昆虫种类、数量、地点等信息，采集现场影像照片。

二、流程筹划

（1）标准样地确定。

（2）针对不同环境及昆虫种类进行采样。

（3）记录昆虫的种类、种群数量、寄主植物、采集昆虫现场影像。

（4）调查资料的计算和统计。

（5）任务考核评价。

三、方法筹划

1. 开展草地虫害基础调查方法

（1）实地观察法。直接观察草地的虫害症状。通过肉眼直接观察草地的生长状况、叶片受损情况等，判断是否有虫害发生。

（2）样地抽样法。选取代表性样地进行调查。

①设定具有代表性的样地，对其进行详细调查。

②可以根据草地面积和地形等因素，合理设置样地数量和大小。

（3）昆虫捕捉法。使用适当工具捕捉虫害昆虫。

①陷阱法：利用特定的陷阱或装置，吸引并捕捉昆虫。

②灯光诱捕法：在夜间使用特定波长的灯光，吸引害虫，了解害虫的种类和数量。

③黄板诱捕法：利用黄色板子吸引具有趋黄性的害虫。

④昆虫计数法：对采集到的昆虫进行计数，评估虫害的严重程度。

（4）问卷调查法。向当地牧民或相关人员了解虫害情况。向当地牧民、草地管理者等相关人员发放问卷，了解虫害的发生情况。

（5）遥感技术。通过卫星图像等遥感手段，监测草地的生态状况，发现虫害的迹象。

（6）昆虫标本采集。收集昆虫的标本，以便进一步鉴定和分析。

（7）土壤抽样法。分析土壤中的虫卵或幼虫数量，了解虫害的潜在威胁。

（8）生物监测法。利用一些对虫害敏感的指示生物，监测虫害的发生和发展。

在进行草地虫害调查时，可以根据具体情况选择合适的方法，也可以综合使用多种方法，以提高调查结果的准确性和可靠性。

2. 相关表格填报

标准株/株丛法调查统计表

<table>
<tr><td colspan="2">标准地编号</td><td colspan="2"></td><td colspan="2">取样点编号</td><td colspan="3"></td></tr>
<tr><td colspan="2">标准地面积</td><td></td><td colspan="2">草原类型</td><td></td><td>标准地
设立时间</td><td colspan="2"></td></tr>
<tr><td colspan="9">标准地位置（经度：　　　纬度：　　　海拔：　　　）</td></tr>
<tr><td colspan="9">地表特征（地形：　　　坡位：　　　坡向：　　　坡度：　　　）</td></tr>
<tr><td>昆虫种类</td><td>种群密度 / [头株（株丛）]</td><td>为害部位</td><td>寄主植物</td><td>草地类型</td><td>影像照片</td><td>调查人</td><td>调查时间</td><td>备注</td></tr>
<tr><td></td><td></td><td></td><td></td><td></td><td></td><td></td><td></td><td></td></tr>
<tr><td></td><td></td><td></td><td></td><td></td><td></td><td></td><td></td><td></td></tr>
<tr><td></td><td></td><td></td><td></td><td></td><td></td><td></td><td></td><td></td></tr>
<tr><td></td><td></td><td></td><td></td><td></td><td></td><td></td><td></td><td></td></tr>
<tr><td></td><td></td><td></td><td></td><td></td><td></td><td></td><td></td><td></td></tr>
</table>

（续表）

昆虫种类	种群密度 /［头株（株丛）］	为害部位	寄主植物	草地类型	影像照片	调查人	调查时间	备注

填表说明：

1. 此表为标准株 / 株丛法调查统计表。以种类为单位，计算每块标准地内平均种群密度，并填报发生面积。

2. 昆虫种类、为害部位、草地类型、寄主植物、地表特征和调查时间等通过草原有害生物普查系统选择。

3. 种群密度、影像照片和调查人等由人工填写。

诱虫灯（引诱剂）调查记录表

草原类型				布设时间			
诱虫灯（引诱剂）布设位置（经度： 纬度： 海拔：							
地表特征（地形： 坡位： 坡向： 坡度： ）							
昆虫种类	诱虫数量			气象数据	影像照片	记录人	记录时间
	合计	雌虫头数	雄虫头数				

填表说明：

1. 此表为诱虫灯（引诱剂）诱捕所发现的昆虫统计表。

2. 昆虫种类、气象数据、草地类型、地表特征和记录时间等通过草原有害生物普查系统选择。

3. 诱虫数量、影像照片和记录人等由人工填写。

黄板（黄盘）诱集记录表

<table>
<tr><td>草原类型</td><td colspan="3"></td><td colspan="2">布设时间</td><td colspan="2"></td></tr>
<tr><td colspan="8">黄板（黄盘）布设位置（经度：　　　纬度：　　　海拔：　　　）</td></tr>
<tr><td colspan="8">地表特征（地形：　　　坡位：　　　坡向：　　　坡度：　　　）</td></tr>
<tr><td rowspan="2">昆虫种类</td><td colspan="3">诱虫数量 / 头</td><td rowspan="2">气象数据</td><td rowspan="2">影像照片</td><td rowspan="2">记录人</td><td rowspan="2">记录时间</td></tr>
<tr><td>合计</td><td>雌虫头数</td><td>雄虫头数</td></tr>
<tr><td></td><td></td><td></td><td></td><td></td><td></td><td></td><td></td></tr>
<tr><td></td><td></td><td></td><td></td><td></td><td></td><td></td><td></td></tr>
<tr><td></td><td></td><td></td><td></td><td></td><td></td><td></td><td></td></tr>
<tr><td></td><td></td><td></td><td></td><td></td><td></td><td></td><td></td></tr>
<tr><td></td><td></td><td></td><td></td><td></td><td></td><td></td><td></td></tr>
<tr><td></td><td></td><td></td><td></td><td></td><td></td><td></td><td></td></tr>
</table>

填表说明：

1. 此表为黄板（黄盘）诱集所发现的昆虫统计表。
2. 昆虫种类、气象数据、草地类型、地表特征和记录时间等通过草原有害生物普查系统选择。
3. 诱虫数量、影像照片和记录人等由人工填写。

任务实施

步骤一：

步骤二：

步骤三：

步骤四：

步骤五：

步骤六：

步骤七：

任务评价

工作任务完成过程评价表

班级：________________　组别：________________　姓名：________________

<table>
<tr><td>项目</td><td>评分标准</td><td>自我评价</td><td>小组评价</td><td>教师评价</td></tr>
<tr><td rowspan="3">样方设置（30 分）</td><td>按要求确定样地（10 分）</td><td></td><td></td><td></td></tr>
<tr><td>根据普查结果设置正确的样方（10 分）</td><td></td><td></td><td></td></tr>
<tr><td>详细记录草地类型、植被类型（10 分）</td><td></td><td></td><td></td></tr>
</table>

（续表）

项目	评分标准	自我评价	小组评价	教师评价
开展调查（30分）	低飞昆虫的采集（10分）			
	选择正确的诱集方法（10分）			
	鉴定卵、幼虫、蛹的类型（10分）			
开展调查（20分）	数据记录完整（10分）			
	种类鉴定正确（10分）			
数据处理分析（20分）	虫口密度的计算（10分）			
	害情分析（10分）			
合计				

自我评价与总结	
教师点评	

项目检测

请扫描右侧二维码答题。

（上）

（下）

项目七 调查草地啮齿动物

项目导读

草地害鼠是指直接为害草地生态，造成生物量下降、地表大面积裸露、植被盖度降低，引起草地退化的鼠类优势种群，在青海分布区内主要包括营地面生活的高原鼠兔和营地下生活的高原鼢鼠。调查草地啮齿动物是以防治鼠害为目的，必须对为害地区啮齿动物的种类、数量及为害程度进行认真地调查，才能采取经济有效的防治措施。

【知识目标】

1. 明确调查目的和内容。
2. 采取正确的取样和统计方法。
3. 了解草地害鼠的种类、密度及分布情况。
4. 能够掌握青海各地区草地鼠害为害程度、发生特点、防治状况等。

【技能目标】

1. 能根据鼠害发生情况及生态类型选择正确的调查方法。
2. 掌握不同鼠害调查数据的记录。
3. 掌握调查资料的计算和统计方法。

【素质目标】

1. 树立安全意识。熟知野外工作安全常识，能保障个人人身安全。
2. 遵守野外工作纪律，能恰当有效地利用时间，有效地制订计划并实施，按时完成各项任务。
3. 主动承担工作任务及责任，尊重他人及其意见，遵从集体决策，遵守各种行为规范和操作规范。

4. 工作开展中注重团体协作，远距离调查工作需要学生具备吃苦耐劳、精益求精、克难攻坚的学习精神。

【思政目标】

1. 调查研究是获得真知灼见的源头活水，是做好工作的基本功。

2. 在思想深处围绕“呵护自然生态”“关注生态环境”等树立生态保护意识。

任务一　调查啮齿动物区系

任务导入

动物区系是指由一定的发展过程，在一定的地理区域和在一定的自然条件下所形成的动物综合体。如果这些动物群，以分类的原则来划分，则有鸟类区系和兽类区系；如果以景观来划分，则有草原动物区系和森林动物区系；如果以行政区来划分，则可以称为某省或某县动物区系。如果以经济意义来划分，则有狩猎动物区系和农田害鼠区系等。

种类调查即调查当地啮齿动物种类及其构成比例，确定啮齿动物的优势种、常见种和稀有种。一般的数量级标准是：捕获率在 10% 以上的为优势种，1%~10% 的为常见种，少于 1% 的为稀有种。通常一种环境或一个地区内只有 1~2 种优势种，常见种的比例较大，而稀有种的种数较少。种类调查需要将调查区鼠类捕尽并制作标本以便进一步鉴定。以实习基地周围天然草场为调查范围，开展捕鼠工作，并完成啮齿动物剥制标本的制作。

任务工单

班级:____________ 姓名:____________ 学号:____________

任务名称	调查啮齿动物区系
任务描述	根据实际情况，填写本任务的内容、目的、流程和方法。 任务内容:______________________ ______________________。 任务目的:______________________ ______________________。 任务流程:______________________ ______________________。

（续表）

<table>
<tr><td>任务描述</td><td colspan="4">任务方法：____
____。</td></tr>
<tr><td>获取信息</td><td colspan="4">要完成任务，需要掌握相关的知识。请收集资料，回答以下问题。
1. 啮齿动物调查的目的是什么？

2. 区系调查是指什么？

3. 调查的注意事项有哪些？

4. 啮齿动物剥制标本的制作与种类组成调查之间存在什么联系？</td></tr>
<tr><td>制订计划</td><td colspan="4"></td></tr>
<tr><td rowspan="6">任务实施</td><td colspan="4">按照预先制订的工作计划，完成本任务，并记录任务实施过程。</td></tr>
<tr><td>序号</td><td>完成的任务</td><td>遇到的问题</td><td>解决办法</td></tr>
<tr><td></td><td></td><td></td><td></td></tr>
<tr><td></td><td></td><td></td><td></td></tr>
<tr><td></td><td></td><td></td><td></td></tr>
<tr><td></td><td></td><td></td><td></td></tr>
</table>

任务准备

一、知识准备

1. 调查准备

以鼠害防治为目的的调查，一般包括鼠类的区系调查、数量调查、生态调查和为害程度调查。

（1）资料准备：指的是查阅文献资料，其中包括国内外已经发表的有关论文及工作地区的地图、地理、地质、土壤、气候和植被等材料，以及当地草原经营情况，以往鼠害发生和防治情况的资料。

（2）物资准备：野外进行啮齿动物调查研究时，必须准备一个工作箱和一些必要的仪器、药品和工具等，便于开展工作。

2. 自然概况与生境条件的分析

动物的地理分布与自然环境条件之间有密切的关系，在调查啮齿动物区系时，应注意与动物生存有关的地理位置、海拔高度、气候条件、地质与土壤、水文及植被等的特点。这些资料，不一定都要亲自去调查，也可通过查阅当地有关的文献资料来获得。

3. 区系组成

（1）种类组成。种类组成即组成区系的不同种的啮齿动物。

动物区系（狭义）：在一定的历史条件下，由于地理隔离和分布区域的一致所形成的动物整体。

（2）标本采集。在不同生境内，用各种方法日夜捕捉各种啮齿动物。一般说来，调查的时间越长，调查的次数越多，所获得的动物越齐全。将捕获的动物制成标本，然后借助检索表及有关资料鉴定种类。此外，也可根据鼠洞、鼠丘、鼠粪或动物活动的痕迹，间接识别鼠种。不过，此种方法必须在积累了大量实践经验的基础上才能采用。通常仅适用于优势种和常见种，或具有鲜明特点的某些种属，一般仅作为辅助的调查方法。

（3）数量组成。根据调查区各种啮齿动物的比例关系，确定该区的优势种、常见种和稀有种。一般数量统计的结果用级数来表示，定为三级，每级之间相差 5 倍或 10 倍，并以“+”号代表级数。例如，优势种以“+++”代表；常见种以“++”代表；稀有种以“+”代表。用夹日法（参考本项目任务二）进行统计时，其标准是：优势种，捕获率比例在 10% 以上；常见种，捕获率比例为 1%~10%；稀有种，捕获率比例少于 1%。通常在一种环境中或某一地区内，优势种一般只有 1~2 种；常见种的比例较大；而稀有种的种数较少，一般也是 1~2 种。通常，对某一地区啮齿动物的调查完成后，其优势种、常见种和稀有种的捕获率数值不一定完全符合上述数值范围。一般要依据调查的实际情况，将捕获率比例最高的 1~2 种确定为优势种，捕获率比例少于 1% 的 1~2 种确定为稀有种，其余均可视为常见种。最后将调查结果经过整理分析，提出该地区啮齿动物区系组成的种类及数量的百分比和数量级别。如果调查范围不大，选代表性地点按生境进行工作，而采用相对数量的对比式。

4. 动物群落组成调查

啮齿动物生态调查（布夹）划分群落的具体指标是种类组成及其优势程度，同时，要结合生态条件（主要是地形、植被）来加以考虑。此外，要注意到个别地段由于地形的局部变化及人类活动的影响，引起某些种类数量的特殊变化与其他一些种类的出现。调查群落时，需要在大面积范围内进行，对同景观来说，至少需要 1 hm^2 的面积。然后根据地形和植被的变化，确定样方位置和数量，一般样方不应少于 3 个，每个样方面积不小于 0.25 hm^2。调查中，对小型鼠类可用同一种方法，对不同种类采用不同方法和数量指标。根据调查结果，确定出群落组成，并在 1∶50 000 的地形图上，参考地形和植被的界限，描出群落分布图，缩小后制成该地区啮齿动物群落分布图。

二、人员准备

人员分组，每组 5 人。明确职责分工。

任务角色	任务内容
组长：	任务：
组员 1：	任务：
组员 2：	任务：
组员 3：	任务：
组员 4：	任务：

三、材料工具及教学场所准备

1. 材料和工具

历史文献资料、望远镜、最高最低温度计、GPS 仪、罗盘、照相机、摄像机及标本采集的常用捕鼠工具和药品，工具箱、显微镜、解剖镜、卷尺、测绳、气象仪、海拔仪、罗盘。鼠夹、捕鼠笼等捕鼠工具，锤、钳、锉刀、钉、铁丝等简单的修理工具，铁锨、铁镐等挖掘工具，鼠袋，熏桶，解剖工具（解剖刀、解剖剪、镊子等），记录工具，防护工具及生活用品等。

药品：来苏儿、乙醇、甲醛、乙醚、亚砒酸、明矾、滑石粉、碘酒、脱脂棉、纱布、胶布及其他常用药品等。

2. 教学场所

实训基地（草场）或实训室。

任务筹划

一、内容筹划

（1）通过实验，巩固和提高课堂所学知识，进一步培养独立工作能力。

（2）要求学生熟悉不同啮齿动物数量调查方法，掌握各种调查工具、器械的使用方法，重点掌握夹日法的操作技能。

二、方法筹划

1. 掌握地面啮齿动物调查方法

采用夹捕法（图 7–1–1）。以生花生仁、葵花籽或者新鲜胡萝卜块作诱饵，用大号（150 mm × 80 mm）或中号（120 mm × 65 mm）木板夹或铁板夹，暮放晨收的捕鼠方法。每一样地每次布放 300 个鼠夹，连续布放 2 d。

图7–1–1 啮齿动物生态调查（布夹）

2. 掌握地下啮齿动物调查方法

采用土丘密度法。通过计算新土丘密度指示鼢鼠类地下啮齿动物种群相对密度的方法。分别记录标准地内新土丘总数和弓箭法捕净样方内地下害鼠总数并记录在表 7–1–1 中，获得土丘密度（%）和土丘系数（%）。样方面积不小于 0.25 hm^2。为确保结果更真实地反映下啮齿动物密度，土丘密度法测定时间必须在每年的 4—5 月及 9—10 月。

3. 完成调查结果记录

填写调查表（表 7–1–1 和表 7–1–2），调查结果数据通过普查系统上报。

4. 标本采集、制作、保存和鉴定

在专家指导下，采集制作啮齿动物标本。

表7-1-1　某地区啮齿动物捕获量总表

序号	种类	个体数量	捕获量比例 /%	数量级
1				
2				
……				
N				
合计				

表7-1-2　不同生境啮齿类动物数量组成

序号	种类	生境Ⅰ		生境Ⅱ		生境Ⅲ	
		数量	捕获量比例 /%	数量	捕获量比例 /%	数量	捕获量比例 /%
1							
2							
……							
N							
合计							
啮齿类动物总数							
夹日数							

任务实施

步骤一：

步骤二：

步骤三：

步骤四：

步骤五：

步骤六：

步骤七：

任务评价

工作任务完成过程评价表

班级：______ 组别：______ 姓名：______

<table>
<tr><td>班级：</td><td>姓名：</td><td>学号：</td><td rowspan="3">综合得分：

教师签字：</td></tr>
<tr><td>自评得分（占 30%）：</td><td>互评得分（占 30%）：</td><td>教师评得分（占 40%）：</td></tr>
<tr><td>日期：</td><td>日期：</td><td>日期：</td></tr>
</table>

<table>
<tr><th colspan="7">考核评分细则</th></tr>
<tr><th>序号</th><th>考核项目</th><th>考核标准</th><th>考核方式</th><th>分值</th><th>评分要求</th><th>得分</th></tr>
<tr><td>1</td><td>资料收集与分析</td><td>①搜集有针对性资料
②资料完整：包括自然概况、生境条件等</td><td rowspan="4">现场识别考核、问答考核</td><td>25</td><td>未完成一项扣 8 分，扣分不得超过 25 分</td><td></td></tr>
<tr><td>2</td><td>种类组成调查</td><td>①完成标本采集
②正确制作剥制标本
③正确鉴定种类</td><td>25</td><td>未完成一项扣 8 分，扣分不得超过 25 分</td><td></td></tr>
<tr><td>3</td><td>数量组成调查</td><td>①根据捕获率判断出优势种
②正确分析数据</td><td>15</td><td>未完成一项扣 7 分，扣分不得超过 15 分</td><td></td></tr>
<tr><td>4</td><td>群落组成调查</td><td>①正确确定调查样方
②完成调查
③正确处理数据</td><td>25</td><td>未完成一项扣 8 分，扣分不得超过 25 分</td><td></td></tr>
<tr><td>5</td><td>学习态度</td><td>①具有团队协作精神
②具备科学严谨的态度
③观察认真，发言积极
④遵纪守时，爱护公物</td><td>自评、互评和师评相结合</td><td>10</td><td>未完成一项扣 2.5 分，扣分不得超过 10 分</td><td></td></tr>
<tr><td colspan="6">总分</td><td></td></tr>
</table>

任务二　调查啮齿动物种群密度

任务导入

草地鼠害与优势鼠种的种群密度密切相关，但一般很难直接统计某地害鼠的绝对种群数量，故草地种群密度调查主要是直接或间接地对相对数量的调查和绝对数量的推定。请同学们开展湟源县日月藏族乡高原鼠兔调查，在 1 hm^2 的辅助标准地内，设置 100 个 10 cm × 15 cm 鼠夹，以新鲜胡萝卜为诱饵，选择正确的方式开展调查。统计有效洞数、百夹捕获数，连续调查 5 d。

任务工单

班级：＿＿＿＿＿＿＿＿　姓名：＿＿＿＿＿＿＿＿　学号：＿＿＿＿＿＿＿＿

任务名称	调查啮齿动物种群密度
任务描述	根据实际情况，填写本任务的内容、目的、流程和方法。 任务内容：＿＿＿＿＿＿＿＿＿＿＿＿＿＿＿＿＿＿＿＿＿＿＿＿。 任务目的：＿＿＿＿＿＿＿＿＿＿＿＿＿＿＿＿＿＿＿＿＿＿＿＿。 任务流程：＿＿＿＿＿＿＿＿＿＿＿＿＿＿＿＿＿＿＿＿＿＿＿＿。 任务方法：＿＿＿＿＿＿＿＿＿＿＿＿＿＿＿＿＿＿＿＿＿＿＿＿。
获取信息	要完成任务，需要掌握相关的知识。请收集资料，回答以下问题。 1. 数量调查的方法有哪些？ 2. 如何选择正确的数量调查方法？ 3. 啮齿动物调查的注意事项有哪些？ 4. 地面害鼠和地下害鼠的调查方式有哪些？

（续表）

<table>
<tr><td>制订计划</td><td colspan="4"></td></tr>
<tr><td rowspan="5">任务实施</td><td colspan="4">按照预先制订的工作计划，完成本任务，并记录任务实施过程。</td></tr>
<tr><td>序号</td><td>完成的任务</td><td>遇到的问题</td><td>解决办法</td></tr>
<tr><td></td><td></td><td></td><td></td></tr>
<tr><td></td><td></td><td></td><td></td></tr>
<tr><td></td><td></td><td></td><td></td></tr>
</table>

任务准备

一、知识准备

针对不同的鼠群采取不同的调查方式。地下害鼠，如鼢鼠，一般采取土丘群系数法和开洞堵洞法；地面害鼠，如鼹鼠、田鼠和绒鼠采用中号板夹，鼠兔采用中号或大号板夹。调查时，选择当地害鼠喜食的食料为食饵，一般鼹鼠用炒熟的白瓜子，田鼠用新鲜的胡萝卜，绒鼠用玉米粒，鼠兔用黄豆等。

在野外调查时需要建立标准地。在测报点的覆盖范围内，选择鼠害的常灾区和偶灾区，在踏查的基础上，按不同的立地条件和草地类型，选设面积为 1 hm^2 的标准地 20~30 块。

1. 地下害鼠——鼢鼠野外调查

一般采取土丘系数法和开洞堵洞法。

（1）土丘群系数法。每种立地类型选择一块面积 1 hm^2 的辅助标准地，统计标准地内的土丘群数。根据土丘挖开洞道，间隔 2 昼夜进行检查，凡封洞者即为有效洞。在有效洞布十字形弓箭，弓箭与洞口的距离为切开洞口直径的 2 倍。1 昼夜检查 1 次，及时重设弓箭，连续捕杀 2 昼夜。然后统计捕获的鼢鼠数量和鼠种，计算土丘群系数和捕获率。根据下式计算土丘群系数。

$$\text{土丘群系数} = \frac{\text{每公顷实捕鼢鼠数量}}{\text{每公顷土丘群数量}} \times 100\%$$

然后在各种立地类型标准地内分别统计土丘数，乘以土丘群系数，则为鼢鼠的相对数量。

$$鼢鼠密度（只/hm^2）=\frac{标准地内鼢鼠相对数量}{标准地面积}$$

捕获率可作为鼢鼠密度的相对指标，其计算公式如下：

$$捕获率=\frac{捕获的鼢鼠数}{设置的弓箭数\times捕鼠昼夜数}\times100\%$$

（2）开洞堵洞法。在土丘不明显的情况下，利用鼢鼠的堵洞习性采取开洞堵洞法进行调查。具体方法：每种立地类型选择一块面积为 1 hm^2 的辅助标准地，对怀疑有鼢鼠活动的洞道开洞口 100 个（根据甘肃的调查经验，每亩[①] 切开 6~7 个洞口，不包括废弃洞，不足 100 个均按实际开洞数计算），在开洞 1 昼夜后调查堵洞数，凡堵洞者即为有效洞口。然后采取弓箭（地箭）射杀和挖捕相结合的方法，将其鼢鼠全面捕尽，以实捕鼢鼠数与有效洞口数相比较，得出其相关系数。在固定标准地内以有效洞口数乘以相关系数即可得出鼢鼠密度。

2. 地面害鼠野外调查

（1）夹日法。一夹日是指 1 个鼠夹捕鼠 1 昼夜，通常以 100 夹日作为统计单位，即 100 个夹子 1 昼夜所捕获的鼠数作为鼠类种群密度的相对指标—夹日捕获率。例如，100 夹日捕鼠 10 只，则夹日捕获率为 10%。鼧鼠、田鼠和绒鼠采用中号板夹，鼠兔采用中号或大号板夹。选择当地害鼠喜食的食料为食饵，一般鼧鼠用炒熟的白瓜子；田鼠用新鲜的胡萝卜。在整个调查过程中，对同一鼠种，板夹型号、食饵材料要统一。

在每块标准地内，将 100 个鼠夹按夹距 5 m、行距 20 m 的平行线或按“Z”字形、棋盘式等形式顺势布放。鼠夹布放后，间隔 24 h 进行检查，用空夹将已捕获鼠的鼠夹替换，48 h 后将捕鼠夹全部收回（有条件的地方，为了获得更准确的捕获率，可将收夹时间延长至 72 h，并间隔 12 h 检查 1 次）。逐日统计捕获害鼠的数量并分雌雄记载。注意要在备注中注明是 48 h 还是 72 h 的捕获数，并计算捕获率。

$$如间隔时间为 48\ h，则捕获率=\frac{捕获鼠数}{鼠夹数\times2}\times100\%$$

上式中鼠夹数为实际收回的鼠夹数量。

（2）统计洞口法。统计一定面积上和一定路线上鼠洞洞口的数量，也是统计鼠类相对密度的一种常用方法。这种方法，适用于植被稀疏且低矮且鼠洞洞口比较明显的情况。统计洞口时，必须辨别不同鼠类的洞口。辨别的方法是对不同形态的洞口进行捕鼠，观察记录各种鼠洞洞口的特征，然后结合洞群形态（如长爪沙鼠等群居鼠类）、跑道、粪便和栖息环境等特征综合识别。同时，还应识别有效鼠洞（居住鼠洞）和废弃鼠洞。有效鼠洞通常洞口光滑，有鼠的足迹或新鲜粪便，无蛛丝。根据不同的调查目的，选择有代表性的样方，每个样方面积可为 0.5~1.0 hm^2。还可根据不同需要，分别采用方形、圆形和条带形样方进行统计。

洞口系数的调查，必须另选与统计洞口样方相同生境的一块样方，面积为

① 1 亩≈ 667m^2。

$0.25\sim1.00\ hm^2$。先在样方内堵塞所有洞口并计数（洞口数），经过 24 h 后，统计被鼠打开的洞数，即为有效洞口数。然后在有效洞口置夹捕鼠，直到捕尽为止（一般需要 3d 左右）。统计捕到的总鼠数，此数与洞口或有效洞口数的比值，即为洞口系数或有效洞口系数。在查清洞口数或有效洞口密度基础上，用下式求出鼠密度。

$$\text{洞口系数（或有效洞口系数）} = \frac{\text{捕获鼠数}}{\text{洞口数}} \times 100\%$$

鼠密度 = 洞口系数 × 洞口密度或鼠密度 = 有效洞口系数 × 有效洞口密度

二、人员准备

人员分组，每组 5 人。明确职责分工。

任务角色	任务内容
组长：	任务：
组员 1：	任务：
组员 2：	任务：
组员 3：	任务：
组员 4：	任务：

三、材料工具及教学场所准备

1. 实验仪器

十字形弓箭、皮尺、铁锹、计算器、中号或大号板夹等。

2. 主要耗材

炒熟的白瓜子、新鲜的胡萝卜、玉米粒、干草颗粒等。

3. 教学场所

实训基地（天然草场、牧草栽培试验田等）。

任务筹划

一、内容筹划

（1）掌握地下啮齿动物种群密度调查的方法。

（2）掌握至少 2 种地面害鼠的种群密度调查方法。

（3）熟练掌握数据记录、整理及分析方法。

二、方法筹划

完成高原鼢鼠的调查，以土丘群系数法为例，每种立地类型选择一块面积 1 hm^2 的辅助标准地，统计标准地内的土丘数。根据土丘挖开洞道，间隔 2 昼夜进行检查，凡封洞者即为有效洞。在有效洞布十字形弓箭，弓箭与洞口的距离为切开洞口直径的 2 倍。1 昼夜检查 1 次，及时重设弓箭，连续捕杀 2 昼夜。然后统计捕获的鼢鼠数量和鼠种，计算出土丘群系数和捕获率。根据下式计算土丘群系数。

$$土丘群系数=\frac{每公顷实捕鼢鼠数量}{每公顷土丘群数量}\times 100\%$$

然后在各种立地类型标准地内分别统计土丘数，乘以土丘群系数，则为鼢鼠的相对数量。

$$鼢鼠密度（只/hm^2）=\frac{标准地内鼢鼠数}{标准地面积}$$

捕获率可作为鼢鼠密度的相对指标，其计算公式如下

$$捕获率=\frac{设置的弓箭数\times 捕鼠昼夜数}{捕获的鼢鼠数}\times 100\%$$

啮齿动物调查技术规范

三、流程筹划

1. 建立标准地

在测报点的覆盖范围内，选择鼠害的常灾区和偶灾区，在探查的基础上，按不同立地条件、草地类型选设面积为 1 hm^2 的标准地。

2. 开展调查

（1）地面害鼠通常选择夹日法或统计洞口法进行调查。

（2）地下害鼠通常采用土丘群系数法或开洞封洞法开展调查。

3. 数据整理与分析

结合物联网技术、移动 App 的运用，比如气候观测站对草原环境因素变化进行自动监控，土壤观测站对草原旱情、灾情实现自动监测，鼠害诱捕设备在鼠害频繁发生的地区进行部署，可以实现诱鼠、杀鼠，同时对鼠害的数量、种类、密度进行统计，并形成一个数据库，然后将这些数据上传到综合管理平台，可以为下一步测

报预警提供基础数据。

地面啮齿动物调查汇总表

县名称			县代码		乡镇名称			乡镇代码		
标准地编号			调查时间		标准地位置（经度： 纬度： 海拔： ）					
草原类型		土壤类型			地形地貌			地表特征		
编号	**啮齿动物种类**	**捕获数量**	**布夹总数**	**有效夹数**	**夹捕率**	**发生面积**	**影像照片**	**调查人**	**联系电话**	**备注**

填表说明：

1. 每一标准地填写一张表。

2. 县名称、县代码、乡镇名称、乡镇代码、标准地编号、调查时间等均通过“草原有害生物普查 App”选择。县名称和代码按 GB/T 2260—2007《中华人民共和国行政区划代码》填写；乡镇名称和代码按 GB/T 10114—2003《县级以下行政区划代码编码规则》填写。

3. “啮齿动物种类”通过“草原有害生物普查 App”选择（不能确定的种类，待鉴定后再补充上报）。

4. 捕获数量、布夹总数、有效夹数、影像照片、调查人及联系方式，由人工填写。

地下啮齿动物调查汇总表

县名称： 县代码： 乡镇名称： 乡镇代码：

标准地编号： 调查时间：

标准地位置： 经度： 纬度： 海拔：

草原类型： 土壤类型： 地形地貌： 地表特征：

县名称		县代码		乡镇名称		乡镇代码	
标准地编号		调查时间		标准地位置（经度： 纬度： 海拔： ）			
草原类型		土壤类型		地形地貌		地表特征	

（续表）

编号	啮齿动物种类	土丘总数	新土丘数	净捕数量	发生面积	影像照片	调查人	联系电话	备注

填表说明：

1. 每一标准地填写一张表。

2. 县名称、县代码、乡镇名称、乡镇代码、标准地编号、调查时间等均通过“草原有害生物普查 App”选择。县名称和代码按 GB/T 2260—2007《中华人民共和国行政区划代码》填写；乡镇名称和代码按 GB/T 10114—2003《县以下行政区划代码编码规则》填写。

3. “啮齿动物种类”通过“草原有害生物普查 App”选择（不能确定的种类，待鉴定后再补充上报）；“草原类型”通过草原有害生物普查 App 选择。

4. 土丘总数、新土丘数、净捕数量、影像照片、调查人及联系方式，由人工填写

任务实施

步骤一：

步骤二：

步骤三：

步骤四：

步骤五：

步骤六：

步骤七：

任务评价

工作任务完成过程评价表

班级：＿＿＿＿＿＿＿＿　组别：＿＿＿＿＿＿＿＿　姓名：＿＿＿＿＿＿＿＿

班级：	姓名：	学号：	综合得分： 教师签字：
自评得分（占 30%）：	互评得分（占 30%）：	教师评得分（占 40%）：	
日期：	日期：	日期：	

（续表）

考核评分细则						
序号	考核项目	考核标准	考核方式	分值	评分要求	得分
1	资料收集与分析	①收集有针对性资料 ②资料完整：包括自然概况、生境条件等	现场操作考核、问答考核	25	未完成一项扣8分，扣分不得超过25分	
2	土丘群系数法调查	①正确的辅助标准地 ②有效布箭 ③统计数量、种类 ④计算土丘系数		15	未完成一项扣7分，扣分不得超过15分	
3	开洞堵洞法调查	①正确的辅助标准地 ②开洞 ③统计有效洞 ④捕尽样地内鼢鼠		15	未完成一项扣7分，扣分不得超过15分	
4	夹日法调查	①选择正确的饵料 ②正确选夹布夹 ③统计数量、种类		20	未完成一项扣8分，扣分不得超过20分	
5	统计洞口法调查	①正确的辅助标准地 ②有效布箭 ③统计数量、种类 ④计算土丘系数		15	未完成一项扣7分，扣分不得超过15分	
6	学习态度	①具有团队协作精神 ②具备科学严谨的态度 ③观察认真，发言积极 ④遵纪守时，爱护公物	自评、互评和师评相结合	10	未完成一项扣2.5分，扣分不得超过10分	
总分						

任务三　调查啮齿动物洞穴结构

任务导入

啮齿动物生态学调查研究的内容比较广泛，通常以灭鼠为目的，根据实际需要和实验开展的可能性，选择生态学中某些相关项目开展调查。洞穴结构调查，是以洞穴的主要结构组成为主要依据判断洞穴类型，进一步了解啮齿动物的生活环境、分类地位和其与环境的关系。请以高原鼢鼠洞穴结构调查为主体任务，开展洞穴结构调查，同时根据啮齿动物洞穴的结构及分布区域，了解其生活习性及对环境的适应能力，了解啮齿动物与环境的关系。

任务工单

班级:____________　姓名:____________　学号:____________

任务名称	调查啮齿动物洞穴结构
任务描述	根据实际情况，填写本任务的内容、目的、流程和方法。 任务内容:____________ ____________。 任务目的:____________ ____________。 任务流程:____________ ____________。 任务方法:____________ ____________。
获取信息	要完成任务，需要掌握相关的知识。请收集资料，回答以下问题。 1. 如何区分啮齿动物洞穴类型? 2. 如何选择正确的调查时间与方法? 3. 啮齿动物调查的注意事项有哪些?

（续表）

获取信息	4. 地面害鼠和地下害鼠洞穴的调查方式是否相同？
制订计划	
任务实施	按照预先制订的工作计划，完成本任务，并记录任务实施过程。

序号	完成的任务	遇到的问题	解决办法

任务准备

一、知识准备

绝大多数啮齿动物营地下穴居生活。洞穴是啮齿动物躲避敌害、保护幼仔、贮存越冬食物、抵御冬夏多变不良气候的重要场所。

1. 啮齿动物的洞穴结构

包括洞口、洞道、窝巢、仓库和便所等。

（1）洞口。洞口的大小、形状和多少因鼠种而异。如跳鼠仅有 1 个洞口，黄鼠有 1~2 个洞口，沙鼠有多至十几或几十个洞口。洞口前常有土丘。

（2）洞道。洞道的长短、直径和深浅因种而异。夏季洞和临时洞洞道短浅，分支少；冬季洞和永久洞洞道长而复杂，迂回曲折且分支多，洞道可长达数米至数十米，鼢鼠洞道甚至可超过 500 m。

（3）窝巢。窝巢位于洞道的末端或洞系的中央部分，距离地面较深，巢由细软的碎草、羽毛和兽毛等组成。冬眠鼠的窝巢均在冻土层以下。此外，洞道中还有扩大的部分，可作进出时转身和临时伏卧之用。

（4）仓库。不冬眠的鼠类秋季贮存食物的地方。

（5）便所。鼠类排泄粪尿的场所。

（6）盲道和暗窗。盲道是由洞道或窝巢发出而末端不通到地面的洞道，是鼠类出蛰时的通道；暗窗指末端接近地表的盲道，作为鼠类遇敌时逃逸的通路。

冬眠鼠类（如仓鼠、黄鼠、花鼠、松鼠等）和夜间活动的鼠类（如跳鼠等），洞穴分散，结构简单，单独生活（繁殖期除外），一鼠一洞；而非冬眠鼠类（如盼鼠、鼠兔等）和白天活动的鼠类（如沙鼠、田鼠等），洞穴都比较复杂。

2. 青藏高原常见啮齿动物洞穴结构特征

（1）喜马拉雅旱獭（*Marmota himalayana*）是一种穴居性的大型啮齿动物，营家族式生活。旱獭会偏好栖息在土丘较大、土丘密度较小和土壤含水率较低的区域。春季和夏季倾向于选择植被高度较低和植被种类较丰富的生境；秋季倾向于选择植被高度略高和植被种类较丰富的生境。除了夜宿洞与繁殖洞、临时洞的内竖径有显著性差异，其他不同洞穴类型之间的物理特征基本一致。

（2）高原鼠兔终生营家族式生活，穴居，多在草地上挖密集的洞群，洞口间常有光秃的跑道相连，地下也有洞道相通，洞系分临时洞和冬季洞。

啮齿动物洞穴结构

（3）高原鼢鼠终年营地下生活，喜欢在地下挖掘长而复杂的隧洞，在洞里居住和取食，很少到地面上来。挖洞时在地面上形成一个个直径约 30 cm、高 15~16 cm 的小土丘，可以根据这些小土丘来判断高原鼢鼠的所在。鼢鼠的洞道相当复杂，就其洞道而言，有一条与地面平行、距地面 8~15 cm、洞径为 7~10 cm 的主干道，沿主道两侧挖掘多条觅食洞道。比主干道更深一层的洞道称为常洞，一般距地面约 20 cm，是鼢鼠进行取食等活动的通道。洞道比较宽大，内有临时仓库。在常洞的下方，一般由 1~2 条向下直伸或斜伸的通道称为朝天洞，是来往于“老窝”的道路。“老窝”距地面 150~300 cm。

二、人员准备

人员分组，每组 5 人。明确职责分工。

任务角色	任务内容
组长：	任务：
组员 1：	任务：
组员 2：	任务：
组员 3：	任务：
组员 4：	任务：

三、材料工具及教学场所准备

1. 工具和仪器

铁铲、测绳、细麻绳、坐标纸、照相机、铅笔、布袋、探钎等。

2. 教学场所

实训基地（天然草地、牧草栽培试验田等）。

任务筹划

一、内容筹划

独居性鼠类的洞穴，在生境中的配置一般比较分散；群居性鼠类的洞穴，多密集成群。更由于生境内的地形和土壤结构的变化，有的弥散成片，有的形成带状，也有的形成岛状，调查时应予以注意。鼠类的洞穴有永久洞和临时洞，也有夏用洞和冬用洞，还有简单洞系和由洞系聚集成的洞群。鉴别各种鼠类不同类型洞穴的方法是，在不同季节挖掘和剖视不同类型的洞穴，每种类型的洞穴至少每季挖掘 5 个，研究其结构和利用的情况。

二、方法筹划

1. 调查前注意事项

挖掘洞穴时，首先要把洞内的鼠捕尽，以免挖洞时鼠类另挖新洞，从而破坏原有的洞穴结构。捕鼠时，还要注意从洞内找到雌鼠的洞穴、雄鼠的洞穴及幼鼠的洞穴，更要注意各种洞穴的结构特征。

2. 调查地形

详细记录洞穴所在地的地形、方位、土壤结构和植被类型。

3. 调查方法

用 2 条测绳和细麻绳结成网孔为 1 m 的梯形测网，在现场标出纵横坐标。找到所有的洞口，并按比例在平面图上（坐标纸）绘出洞口的位置、土丘的大小、跑道和周围植被破坏的范围。用草束塞住所有的洞口再依次挖洞。挖洞时，可顺着洞道插入一根树枝条，沿着树枝条挖掘，并要留下一半洞道，以便进行测量和绘图。

4. 测量及绘制方法

先测量洞口直径，从洞口到一个转弯处，或一个转弯处到分支处，都要测量洞道的长度和深度。遇到分支处，先沿一条分支洞挖，其余分支要做标志。遇到窝巢、粪坑和仓库时，要测量其大小 [长 × 宽 × 高（深度）]。收集的鼠窝或仓库内的存物，应放于布袋（纸袋）中，与图统一编号。如遇一窝仔鼠，也要测量其大小并记录其生长状况。绘图用坐标法，即在洞系的每一点用横纵坐标定位，再按比例在坐标纸上绘图。先绘成草图，再按草图绘成平面图和剖面图。

三、流程筹划

（1）根据季节、鼠种选择典型鼠洞。
（2）确定调查鼠洞为常用洞。
（3）记录洞穴所在地的地形、方位、土壤结构和植被类型。
（4）标出横纵坐标。
（5）完成探洞与挖洞调查。
（6）按比例尺作图并标注鼠洞中各类结构。

任务实施

步骤一：
步骤二：
步骤三：
步骤四：
步骤五：
步骤六：
步骤七：

任务评价

工作任务完成情况评价表

班级：________________ 组别：________________ 姓名：________________

<table>
<tr><td>班级：</td><td>姓名：</td><td>学号：</td><td rowspan="3">综合得分：

教师签字：</td></tr>
<tr><td>自评得分（占 30%）：</td><td>互评得分（占 30%）：</td><td>教师评得分（占 40%）：</td></tr>
<tr><td>日期：</td><td>日期：</td><td>日期：</td></tr>
</table>

<table>
<tr><th colspan="7">考核评分细则</th></tr>
<tr><th>序号</th><th>考核项目</th><th>考核标准</th><th>考核方式</th><th>分值</th><th>评分要求</th><th>得分</th></tr>
<tr><td>1</td><td>调查前注意事项</td><td>①洞内鼠捕尽
②能够区分雌鼠洞穴、雄鼠洞穴</td><td rowspan="2">现场操作考核、问答考核</td><td>25</td><td>未完成一项扣 8 分，扣分不得超过 25 分</td><td></td></tr>
<tr><td>2</td><td>调查地形</td><td>①正确的辅助标准地
②调查洞穴周边环境
③作好记录</td><td>15</td><td>未完成一项扣 7 分，扣分不得超过 15 分</td><td></td></tr>
</table>

（续表）

考核评分细则						
序号	考核项目	考核标准	考核方式	分值	评分要求	得分
3	洞穴结构调查	①现场标出横纵坐标 ②准确找到所有洞口 ③探洞、挖洞方式正确	现场操作考核、问答考核	25	未完成一项扣10分，扣分不得超过25分	
4	测量及绘图	①按坐标比例绘制洞口位置 ②遇到分支要测量洞口直径 ③收集洞穴中的存物		25	未完成一项扣10分，扣分不得超过25分	
5	学习态度	①具有团队协作精神 ②具备科学严谨的态度 ③观察认真，发言积极 ④遵纪守时，爱护公物	自评、互评和师评相结合	10	未完成一项扣2.5分，扣分不得超过10分	
总分						

任务四 调查啮齿动物破坏量

任务导入

由啮齿动物引起的植被、土壤和微地形等改变，是种群各方面活动的综合结果，通过对它们的调查研究可以阐明啮齿动物在这个地区为害的程度及趋势，绝大多数的啮齿动物均为草食性动物，禾本科、豆科、莎草科等优良牧草均为啮齿动物的主要食物。据统计，每只高原鼠的鲜草采食量高达 72.3 g/d，4 个月的牧草生长季节会消耗掉 9.4 kg 优质牧草；每只田鼠的干草采食量高达 14.5 g/d，每年会消耗掉 5.27 kg 干草，值得注意的是，这仅仅只是采食量，并不包括在采食过程中的牧草浪费量和牧草破坏量，而且牧草浪费量和牧草破坏量通常都会是采食量的数倍，这样一来，就较易导致草地出现退化或者沙化。

任务工单

班级:__________ 姓名:__________ 学号:__________

任务名称	调查啮齿动物破坏量
任务描述	根据实际情况，填写本任务的内容、目的、流程和方法。 任务内容:____________________。 任务目的:____________________。 任务流程:____________________。 任务方法:____________________。
获取信息	要完成任务，需要掌握相关的知识。请收集资料，回答以下问题。 1. 破坏量调查取样方法是什么？ 2. 如何选择正确的数量调查方法？

（续表）

<table>
<tr><td rowspan="2">获取信息</td><td colspan="4">3. 调查的注意事项有哪些？</td></tr>
<tr><td colspan="4">4. 地面害鼠和地下害鼠的调查方式分别有哪些？</td></tr>
<tr><td>制订计划</td><td colspan="4"></td></tr>
<tr><td rowspan="6">任务实施</td><td colspan="4">按照预先制订的工作计划，完成本任务，并记录任务实施过程。</td></tr>
<tr><td>序号</td><td>完成的任务</td><td>遇到的问题</td><td>解决办法</td></tr>
<tr><td></td><td></td><td></td><td></td></tr>
<tr><td></td><td></td><td></td><td></td></tr>
<tr><td></td><td></td><td></td><td></td></tr>
<tr><td></td><td></td><td></td><td></td></tr>
</table>

任务准备

一、知识准备

调查地区鼠害情况：考虑鼠类分布不均的特性，仅仅在样地上做破坏量的调查还不够，需要在面上做一些调查。破坏量调查可利用“样线法”，能够比较迅速地测出破坏率，从而得到为害情况及其区域变化的大量信息。用长 15~30 m 的测绳，拉成直线放在地上，登记样线所接触到的土丘、洞口、秃斑塌洞和镶嵌体等，记载每一个项目所截样线的长度。

分析上述破坏量、破坏程度及其分布的资料，可以划分出为害等级，做出为害分布图。分布界线可参照生境分布图或植被分布图勾画。因为鼠的种群密度和为害程度是正相关的，在找到破坏量与种群密度等级的数量关系后，也可以直接用种群密度分布资料做出为害分布图。

1. 鼠害监测智能分析系统

系统可以实现对草原鼠害信息的提取和数据统计，通过前端设备的监控和结合 AI 人工智能技术的运用，对草原草地的盖度、地上生物、鼠害洞口数量、鼠害特征等信息进行监测。基于监测视频与图片，利用先进的图像分析，可以识别害鼠数量、体长及有效洞口等关键指标。

2. 鼠害遥感动态监测

通过卫星遥感技术对草原状况及变化趋势进行大尺度监测。包括草原的生态资源状况、植被覆盖变化、生态格局动态等，并基于这些遥感影像数据，分析鼠害生境的植被覆盖度和植被长势等状况的动态监测分析。实现评估鼠类生境的变化规律、鼠害发展趋势的预测和鼠害面积的评估。

3. 无人机鼠洞信息统计

运用无人机技术对草原重点区域及中小尺度草原进行监测，也是属于局部区域实施的遥感监测，是卫星遥感的补充。通过无人机监测扫视面积标记，可以实现对草原鼠洞信息的提取，并进行鼠洞数量的统计，为鼠害大面积动态准确监测提供新的监测手段。

二、人员准备

人员分组，每组 5 人。明确职责分工。

任务角色	任务内容
组长：	任务：
组员 1：	任务：
组员 2：	任务：
组员 3：	任务：
组员 4：	任务：

三、材料工具及教学场所准备

文献资料：国内外已经发表的关于本地啮齿动物为害状况的论文及工作地区的地图、地理、地质、土壤、气候和植被等资料。

仪器设备：车辆、测绳、卷尺、测网、纸、笔等。

教学场所：实训基地、实验室。

任务筹划

一、内容筹划

（1）掌握调查啮齿动物对草地破坏量的调查方法。

（2）掌握草地鼠害为害等级划分和为害分布图的制作方法。

二、方法筹划

1. 抽样

首先在调查地区做粗放的选样调查，调查按景观特点选择代表性地段作为样地，样地面积最好不超过 2 km × 4 km，景观复杂的地方可以多选几块样地。将样地中各种生物生境类型加以分类，并利用大比例尺的地形图绘制整个地区的生态类型分布图。如果调查地区已有地形图或植被分布图，上述工作就比较容易进行。

在样地的各主要生境类型中随机抽样。可以在地图上画出方格，每一方格给一编号，用抓阄或查随机数字表进行抽样；也可以在图上做一个直角坐标系，查随机数字表，每查两个数字为一组，分别为 x 轴和 y 轴上的值，用以确定样方的位置。每一生境应设 3 个以上的样方。以抽样地面积的 1%~2% 作为样方，样方为正方形或长方形，大小随情况不同而略有伸缩。大型啮齿动物至少应包括一个家族的基本活动范围。群栖性小型啮齿动物应包括 3~4 个洞群。

2. 填图

自样方一侧开始，将梯形测网放在地上，然后逐格将破坏情况按比例填入计算纸上，填完一条，测网向前移动一格，继续填图。填图的内容包括啮齿动物挖出的新旧土丘和土丘流泻的面积、洞口、废弃和塌陷的洞道、明显的跑道及其活动造成的秃斑和植被“镶嵌体”等。

3. 记录和计算

在填图的同时，每一样方填写一张样方记录卡。用数小方格法或用求积仪法测定土丘、洞口等所占的面积。

三、流程筹划

（1）调查工作准备。
（2）确定样地。
（3）样地各主要生境类型中随机抽样。
（4）放置梯形测网。
（5）填图。
（6）数据记录与分析计算。

任务实施

步骤一：
步骤二：
步骤三：
步骤四：
步骤五：

步骤六：

步骤七：

任务报告

样线记录表

地点＿＿＿＿＿＿＿＿＿＿＿＿＿＿＿＿＿＿　生境（类型）＿＿＿＿＿＿＿＿＿＿＿＿＿＿＿＿＿＿

区段长度＿＿＿＿＿＿＿＿＿＿＿＿＿　＿＿＿年＿＿月＿＿日　　　观测人＿＿＿＿＿＿＿＿＿

项目 区段号	1	2	3	4	5	6
$\Sigma 1$						
$\Sigma 2$						
……						
Σn						

任务评价

工作任务完成过程评价表

<table>
<tr><td colspan="2">班级：</td><td>姓名：</td><td colspan="2">学号：</td><td colspan="2" rowspan="3">综合得分：

教师签字：</td></tr>
<tr><td colspan="2">自评得分（占 30%）：</td><td>互评得分（占 30%）：</td><td colspan="2">教师评得分（占 40%）：</td></tr>
<tr><td colspan="2">日期：</td><td>日期：</td><td colspan="2">日期：</td></tr>
<tr><td colspan="7">考核评分细则</td></tr>
<tr><td>序号</td><td>考核项目</td><td>考核标准</td><td>考核方式</td><td>分值</td><td>评分要求</td><td>得分</td></tr>
<tr><td>1</td><td>资料收集整理</td><td>①收集有针对性资料
②资料完整：本地啮齿动物为害情况相关内容</td><td rowspan="2">现场操作考核、问答考核</td><td>25</td><td>未完成一项扣 8 分，扣分不得超过 25 分</td><td></td></tr>
<tr><td>2</td><td>抽样</td><td>①正确的粗放选样调查
②将样地中生境分类
③抽样</td><td>15</td><td>未完成一项扣 7 分，扣分不得超过 15 分</td><td></td></tr>
</table>

（续表）

考核评分细则						
序号	考核项目	考核标准	考核方式	分值	评分要求	得分
3	填图	①正确放置梯形测网 ②填图 ③填图内容注意事项正确规避	现场操作考核、问答考核	25	未完成一项扣10分，扣分不得超过25分	
4	记录和计算	①样方记录卡按每一样方记录 ②正确计算总破坏量 ③正确计算破坏率		25	未完成一项扣8分，扣分不得超过25分	
5	学习态度	①具有团队协作精神 ②具备科学严谨的态度 ③观察认真，发言积极 ④遵纪守时，爱护公物	自评、互评和师评相结合	10	未完成一项扣2.5分，扣分不得超过10分	
总分						

项目检测

请扫描右侧二维码答题。

（上）

（下）

项目八 调查草地有毒有害植物

项目导读

草地毒草的大量繁衍，不仅影响家畜健康，降低畜产品质量，而且由于它们对当地各种条件具有很强的适应能力，加之一般不为牲畜采食，当草场上优良牧草被啃食减少后，它们获得更加优越的生长繁殖条件，大量消耗草地的水分和养料，使优良牧节难以生长。

【知识目标】

1. 明确调查目的和内容。
2. 采取正确的取样和统计方法。
3. 能通过草地调查等方式了解草地毒杂草发生情况。
4. 了解草地毒杂草的种类、分布、为害程度、发生特点、防治状况等。

【技能目标】

1. 能根据毒杂草发生情况及生态类型选择正确的调查方法。
2. 掌握不同毒杂草调查数据的记录。
3. 调查资料的计算和统计。

【素质目标】

1. 树立安全意识。熟知野外工作安全常识，能保障个人人身安全。
2. 遵守野外工作纪律，能恰当有效地利用时间，有效地计划并实施，按时完成各项任务。
3. 主动承担工作任务及责任，尊重他人及其意见，遵从集体决策，遵守各种行为规范和操作规范。

4. 树立严谨求实的科学态度。

【思政目标】

1. 懂农牧业、爱农牧民、爱农村牧区，做农牧人、干农牧事，增强投身“三农”的自豪感。

2. 能尊重自然、爱护自然，践行人与自然和谐、绿色发展理念，成为具有生态理念、生态情怀和生态技能的生态文明建设者。

3. 在与杂草作斗争的过程中，我国劳动人民创造和积累了极其丰富的经验，重点介绍杂草学奠基人——李扬汉教授创立杂草学的事迹，向学生讲述其爱岗敬业的精神。

任务一 采集与制作草地有毒有害植物标本

任务导入

采集有毒有害植物并制作是研究毒杂草最基础的工作，也是最基本的技能，不同种类毒杂草为害作用方式及对于家畜为害程度各不相同，根据上述情况在天然草地实训区域不同环境采集不同种类毒杂草并制作标本。

任务工单

班级:__________ 姓名:__________ 学号:__________

任务名称	采集与制作草地有毒有害植物标本
任务描述	根据实际情况，填写本任务的内容、目的、流程和方法。 任务内容:__________ __________。 任务目的:__________ __________。 任务流程:__________ __________。 任务方法:__________ __________。

（续表）

<table>
<tr><td rowspan="1">获取信息</td><td colspan="6">要完成任务，需要掌握相关的知识。请收集资料，回答以下问题。
1. 采集毒杂草标本的注意事项是什么？

2. 毒杂草的采集方式有哪些？

3. 采集毒杂草的最佳时间如何确定？

4. 标本制作工具使用注意事项有哪些？

5. 标本制作方法有哪些？</td></tr>
<tr><td>制订计划</td><td colspan="6"></td></tr>
<tr><td rowspan="6">任务实施</td><td colspan="6">按照预先制订的工作计划，完成本任务，并记录任务实施过程。</td></tr>
<tr><td>序号</td><td>完成的任务</td><td colspan="2">遇到的问题</td><td colspan="2">解决办法</td></tr>
<tr><td></td><td></td><td colspan="2"></td><td colspan="2"></td></tr>
<tr><td></td><td></td><td colspan="2"></td><td colspan="2"></td></tr>
<tr><td></td><td></td><td colspan="2"></td><td colspan="2"></td></tr>
<tr><td></td><td></td><td colspan="2"></td><td colspan="2"></td></tr>
<tr><td rowspan="7">任务评价</td><td colspan="6">评价表</td></tr>
<tr><td>项目</td><td>评价内容</td><td>分值</td><td>自评</td><td>互评</td><td>师评</td></tr>
<tr><td rowspan="5">知识技能</td><td>按要求选择正确的采集对象和环境</td><td>10</td><td></td><td></td><td></td></tr>
<tr><td>完成标本的采集</td><td>10</td><td></td><td></td><td></td></tr>
<tr><td>完成标本的制作（3个）</td><td>15</td><td></td><td></td><td></td></tr>
<tr><td>标本分类保存</td><td>10</td><td></td><td></td><td></td></tr>
<tr><td>标签的制作正确且完整</td><td>10</td><td></td><td></td><td></td></tr>
</table>

（续表）

任务评价	评价表					
	项目	评价内容	分值	自评	互评	师评
	任务进度	完成采集、制作与保存（10分）；完成采集、制作（7分）；完成部分采集与制作（5分）	10			
	任务质量	采集、干燥、浸渍液配制等是否正确	10			
	素养表现	团结协作、科学严谨、认真务实、善于学习	10			
	思政表现	在标本采集过程中注意保护植物及其他生物；采集有计划有方向	15			

任务准备

一、知识准备

1. 标本采集

（1）采样对象。采集全部可获得的草地毒杂草，尽可能包括多种毒杂草。

（2）采样环境。毒杂草标本和样品采集涉及的环境可主要分为以下几种：高寒草甸、高寒草原、高寒荒漠、温性草原和湿地等。在采集过程中，要注意采集环境的多样性，选取不同海拔高度、不同地形、不同坡度、不同土质的环境，进行草地毒杂草标本和样品的采集。

（3）标本数量。采集标本的时候，每种植物标本都要采集一定的数量，原则上越多越好。每个种的植物标本数量不少于 3 种，对于现场不能确定的种类，应尽量多采集标本。

（4）野外信息记录。野外采集信息记录非常重要，通常需要用到记录本、记录笔、标签纸、GPS 仪、照相设备、植物标本夹等。需要记录的信息如下。

①采集地点。由大到小，具体到最小的地方。

②采集时间。年份和日期用阿拉伯数字，但是月份要用罗马数字表示，如 2019. Ⅵ .02，以免日月混淆。

③采集人。务必写清楚采集人，为后人的研究提供方便（如需要追溯采集时的相关信息等）。

④采集经纬度、海拔信息。用 GPS 记录经纬度和海拔信息，既有利于后续研究，又便于后人想再次采集时的定位等。

⑤寄主及生境。尽量记录寄主信息及采集的环境，尽可能拍摄寄主及生境的照片，留存影像资料。对于不认识的寄主植物，可采集标本，用植物标本夹带回鉴定。

⑥采集方式。记录采集时所用的方法，如铲子等。

⑦拍照要点。整体拍摄调查地生境、取样样方，具体拍摄草地破坏程度及植物为害状等。

（5）操作步骤总结：采集毒杂草标本→制作采集信息标签（保证每株植物一个标签）→ 拍照→确定毒杂草种类。

2. 标本制作

（1）采集植物标本。植物标本的采集要选择植物个体健康、完整、具有代表性的样本。采集时要注意保护植物资源，遵守采集规范，不损害植物的生长环境。采集的植物标本应该具备足够的数量和多样性，以满足后续的研究和展示需求。

（2）处理植物标本。采集回来的植物标本需要进行初步的处理。首先，将标本中的泥土、石子等杂质进行清除。其次，如果标本有多个部分（如根、基、叶等），可以根据需要进行分离处理。处理时要注意保持植物标本的完整性，避免损坏植物的有关特征。

（3）固定植物标本。固定是指将植物标本进行处理，使其在保存过程中不受生物、机械和化学因素的影响。常用的固定方法包括酒精固定、甲醛固定和烘干等。根据标本的用途和保存时间的长短，可以选择合适的固定方法进行处理。

（4）干燥植物标本。固定后的植物标本需要进行干燥处理。干燥可以使标本保存较长时间而不腐烂，同时也有利于后续的整理和保存工作。常用的干燥方法包括晾晒法、烘箱干燥法和吸湿剂法等。在干燥过程中，要注意控制温度和湿度，避免标本变质或形变。

（5）整理植物标本。干燥后的植物标本可以进行整理工作。首先，根据标本种类和特点，进行形态特征的记录，包括叶片、花朵、果实、根系等。其次，对标本进行分类、编号和贴标签。最后，将标本放置在合适的保存容器中，以确保标本的完整性和安全性。

3. 标本保存

保存是植物标本制作的最后一步，也是最重要的一步。标本应放置在恒温、恒湿的环境中，避免日光直射和潮湿。对于长期保存的标本，可以选择专用的保存液进行浸泡，以保持标本的柔软和颜色。定期检查标本的保存状况，如出现虫害或湿损等问题，应及时采取措施进行处理。

毒害草标本采集、制作及保存技术规范

二、工具准备

1. 仪器设备

体视显微镜、显微镜。

2. 材料与工具

标本夹、标本纸、采集箱、放大镜、剪刀、小刀，纸袋、塑料袋、标签、麻绳、记载本、镊子等物品。

三、人员准备

人员分组，每组 5 人。明确职责分工。

任务角色	任务内容
组长：	任务：
组员 1：	任务：
组员 2：	任务：
组员 3：	任务：
组员 4：	任务：

任务筹划

一、内容筹划

1. 充分了解

在采集前，必须对要采集的毒杂草有全面的了解，包括其形态特征、生长环境、毒性成分和可能的为害。

2. 防护装备

穿戴合适的防护衣物，如长袖长裤、手套、口罩、护目镜等，以避免直接接触毒杂草导致中毒。

3. 工具准备

使用合适的工具，如剪刀、铲子等，避免用手直接接触。

4. 正确标记

对采集的样本进行准确标记，包括采集地点、采集时间、植物名称等信息。

5. 合法许可

确保采集行为是在获得相关许可和遵守法律法规的前提下进行的。

二、方法筹划

在采集标本时，应该首先观察植物的整体形态和生长状态，并确定合适的采集位置。在采集过程中，要用剪刀或钳子将前端的茎叶、花果等部分剪齐，将其放在干燥纸上。同时，在采集标本时也应该注意标本的数量，因为一次采集过多的标本会导致干燥纸不足，影响标本的完整性。在采集完标本后，应该在干燥纸上标注有关信息，例如采集时间、采集地点、植物名称、采集人等，以便后期处理。标注后，应该将标本和干燥纸一起包装好，并放在干燥通风处，以确保标本的干燥和安全保存。

三、流程筹划

（1）按要求选择并确定采样对象与环境。
（2）采集植物标本并完成采集数据的记录。
（3）完成各类植物标本制作。
（4）完成标签制作分类保存。

任务实施

步骤一：
步骤二：
步骤三：
步骤四：
步骤五：
步骤六：
步骤七：

任务评价

工作任务完成过程评价表

班级：________　组别：________　姓名：________

项目	评分标准	自我评价	小组评价	教师评价
标本采集（30分）	按要求选择采样的对象和环境（10分）			
	采集有毒植物4种（10分）			
	采集有害植物3种（10分）			
标本鉴定（50分）	标本制作方法正确，植株完整（10分）			
	标本的固定和干燥方法正确（10分）			
	正确鉴定毒草并鉴定到种（10分）			
	正确鉴定害草并鉴定到种（10分）			
	标签制作正确且信息完整（10分）			

（续表）

项目	评分标准	自我评价	小组评价	教师评价
有毒成分分析（20分）	不同有毒植物有害成分分析（10分）			
	有害植物的为害特点分析（10分）			
合计				
自我评价与总结				
教师点评				

任务二　调查草地损失度

任务导入

调查草地损失度是对草地资源在一定时期内受到损害或退化的程度进行评估和分析的过程。

任务工单

班级：＿＿＿＿＿＿＿＿　姓名：＿＿＿＿＿＿＿＿　学号：＿＿＿＿＿＿＿＿

任务名称	调查草地损失度
任务描述	根据实际情况，填写本任务的内容、目的、流程和方法。 任务内容：＿＿＿＿＿＿＿＿＿＿＿＿＿＿＿＿＿＿＿＿ ＿＿＿＿＿＿＿＿＿＿＿＿＿＿＿＿＿＿＿＿＿＿＿＿。 任务目的：＿＿＿＿＿＿＿＿＿＿＿＿＿＿＿＿＿＿＿＿ ＿＿＿＿＿＿＿＿＿＿＿＿＿＿＿＿＿＿＿＿＿＿＿＿。 任务流程：＿＿＿＿＿＿＿＿＿＿＿＿＿＿＿＿＿＿＿＿ ＿＿＿＿＿＿＿＿＿＿＿＿＿＿＿＿＿＿＿＿＿＿＿＿。 任务方法：＿＿＿＿＿＿＿＿＿＿＿＿＿＿＿＿＿＿＿＿ ＿＿＿＿＿＿＿＿＿＿＿＿＿＿＿＿＿＿＿＿＿＿＿＿。
获取信息	要完成任务，需要掌握相关的知识。请收集资料，回答以下问题。 1. 草地样方中植物种类有哪些？ 2. 样方草地产量的计算方法是什么？ 3. 草地覆盖度如何计算？ 4. 草地损失度的组成有哪些？ 5. 调查数据的统计分析方法是什么？

（续表）

<table>
<tr><td>制订计划</td><td colspan="6"></td></tr>
<tr><td rowspan="6">任务实施</td><td colspan="6">按照预先制订的工作计划，完成本任务，并记录任务实施过程。</td></tr>
<tr><td>序号</td><td>完成的任务</td><td>遇到的问题</td><td colspan="3">解决办法</td></tr>
<tr><td></td><td></td><td></td><td colspan="3"></td></tr>
<tr><td></td><td></td><td></td><td colspan="3"></td></tr>
<tr><td></td><td></td><td></td><td colspan="3"></td></tr>
<tr><td></td><td></td><td></td><td colspan="3"></td></tr>
<tr><td rowspan="12">任务评价</td><td colspan="6">评价表</td></tr>
<tr><td>项目</td><td>评价内容</td><td>分值</td><td>自评</td><td>互评</td><td>师评</td></tr>
<tr><td rowspan="5">知识技能</td><td>样地选择覆盖各类地形</td><td>15</td><td></td><td></td><td></td></tr>
<tr><td>选择正确的调查方法</td><td>15</td><td></td><td></td><td></td></tr>
<tr><td>科学利用各类工具完成调查工作</td><td>10</td><td></td><td></td><td></td></tr>
<tr><td>调查有计划、有记录</td><td>15</td><td></td><td></td><td></td></tr>
<tr><td>数据分析方法、结果正确</td><td>15</td><td></td><td></td><td></td></tr>
<tr><td>任务质量</td><td>按技术规范完成调查及数据记录</td><td>15</td><td></td><td></td><td></td></tr>
<tr><td rowspan="3">素养表现</td><td>通过小组讨论与自学，利用信息化教学资源、互联网等完成工作任务（5 分）</td><td rowspan="3">15</td><td></td><td></td><td></td></tr>
<tr><td>认真思考，积极动手，动脑（5 分）</td><td></td><td></td><td></td></tr>
<tr><td>积极参与小组合作与交流，配合默契，共同完成（5 分）</td><td></td><td></td><td></td></tr>
<tr><td>总评</td><td colspan="5"></td></tr>
<tr><td colspan="2">自我评价与总结</td><td colspan="5"></td></tr>
<tr><td colspan="2">教师评价</td><td colspan="5"></td></tr>
</table>

任务准备

一、知识准备

草地损失度调查。一般采用牧草地产量测定方法。每块标准地面积 0.5 hm^2 左右，每块标准地布样方不少于 3 个。对样方数据进行采集整理后统计。详细记录植物种类、覆盖度、草地产量、草地类型，采集草地现场影像照片。

毒害草调查技术规范

二、工具准备

样方框、剪刀、笔、照相机、海拔仪、温湿度计、记录单、标签、样袋等。

三、人员准备

人员分组，每组 5 人。明确职责分工。

任务角色	任务内容
组长：	任务：
组员 1：	任务：
组员 2：	任务：
组员 3：	任务：
组员 4：	任务：

任务筹划

一、内容筹划

1. 确定调查目的和范围

明确调查的具体目的，例如，了解草地退化的程度、原因，或者评估特定因素对草地的影响范围等。同时确定要调查的草地区域。

2. 资料收集

收集相关的历史数据，包括该地区的气候资料、草地利用方式的变化、过往的调查记录等，以了解草地的基本情况和可能的变化趋势。

3. 样地选择与设置

根据草地的类型、地形等特征，采用科学的抽样方法选择具有代表性的样地。样地的数量和分布应能反映整个调查区域的情况。

4. 野外观测指标

确定需要观测的具体指标，可能包括但不限于以下方面。

（1）植被状况：如植被覆盖度、植物种类组成、优势草种等。

（2）草产量：可以通过收割样方内的草并称重来估算。

（3）土壤状况：土壤质地、土壤养分含量、土壤紧实度等。

（4）其他指标：如草地的地形地貌、水源情况等。

5. 观测方法

（1）植被覆盖度可采用样方法、针刺法或遥感影像解译等方法进行测量。

（2）植物种类组成通过样方内的植物鉴定和记录来确定。

（3）草产量的测定需在样方内收割一定面积的草并称重。

（4）土壤状况的观测可能需要采集土壤样本进行实验室分析。

6. 数据记录与分析

在调查过程中，详细记录各项观测指标的数据。对收集到的数据进行整理和分析，可以采用统计分析方法，比较不同样地、不同时间的数据，以评估草地损失的程度和变化趋势。

7. 制作相关图件

根据调查结果，可以制作草地损失度的空间分布图等图件，直观地展示草地损失的分布情况。

二、方法筹划

一般采用牧草产量测定方法。每块标准地面积 0.5 hm^2 左右，每块标准地布样方不少于 3 个。对样方数据进行采集整理后统计。详细记录草产量、土壤状况、草地类型，采集草地现场影像照片。

样方法调查统计表

<table>
<tr><td>调查地名称</td><td colspan="2"></td><td>标准地编号</td><td></td><td>样方编号</td><td></td><td>标准地面积</td><td></td></tr>
<tr><td>草原类型</td><td colspan="2"></td><td colspan="2">标准地设立时间</td><td></td><td>负责人</td><td colspan="2"></td></tr>
<tr><td colspan="9">标准地位置（经度：　　纬度：　　海拔：　　）</td></tr>
<tr><td colspan="9">地表特征（地形：　　坡位：　　坡向：　　坡度：　　）</td></tr>
<tr><td>样方序号</td><td>植物覆盖度</td><td>植物种类</td><td>草产量</td><td>土壤状况</td><td>草地类型</td><td>调查人</td><td>调查时间</td><td>备注</td></tr>
<tr><td></td><td></td><td></td><td></td><td></td><td></td><td></td><td></td><td></td></tr>
</table>

（续表）

样方序号	覆盖度	植物种类	草产量	土壤状况	草地类型	调查人	调查时间	备注

填表说明：草地类型、地表特征和调查时间等通过草原有害生物普查系统选择。

三、流程筹划

（1）标准样地确定。
（2）依据不同环境设置样方并采样。
（3）记录植物种类、植物覆盖度、草地类型和土壤状况等。
（4）收集草地产量数据、影像等。
（5）调查资料的计算和统计。
（6）完成任务考核。

任务实施

步骤一：
步骤二：
步骤三：
步骤四：
步骤五：
步骤六：
步骤七：

任务评价

工作任务完成过程评价表

班级:________________ 组别:________________ 姓名:________________

项目	评分标准	自我评价	小组评价	教师评价
样地选择（30分）	按要求选择样地（10分）			
	样地选择覆盖各类地形（10分）			
	设置样方大小且方法合适（10分）			
植物采样（40分）	采样方法准确（10分）			
	记录样方内的植物种类（15分）			
	调查样方的生物量等信息（15分）			
数据分析（30分）	数据分析方法、结果正确（20分）			
	按技术规范完成调查及数据记录（10分）			
合计				
自我评价与总结				
教师点评				

项目检测

请扫描右侧二维码答题。

（上）　（下）

项目九 防治草地病虫草害

项目导读

草地保护是综合利用多学科知识，以经济、科学的方法，保护草地和牧草免受生物危害，维护人类的物质利益和环境利益的应用科学。根据研究和防治对象不同，草地保护可分为草地啮齿动物防治、草地害虫防治、草地病害防治、草地毒杂草防治等方面。草地保护的目的是采取适宜的措施和策略，控制有害生物的危害，避免生物灾害，获得最大的经济效益、生态效益和社会效益。为了实现该目标，需要科学、高效、安全的防治措施与合理的防治策略，并使其顺利实施。

草地有害生物监测防治是草地保护学研究的核心内容之一，其目的是对有害生物实行有效控制，即在认识和掌握有害生物发生发展规律的基础上，因势利导，按照人们的愿望，采取与自然规律相协调的综合措施，把有害生物的数量和危害控制在经济允许水平以下，同时对人类健康和环境不造成危害。不同历史阶段人类对自然界的认识程度和科技发展水平不同，对有害生物的认知和防治技术及策略也在不断地发生着相应变化。有害生物防治技术在不断发展和更新，防治方法也表现出多样性和灵活性。草地生态系统涉及有害生物、植物、环境及家畜等多个方面，同时草地植物本身的特殊功能和用途决定了该生态系统与一般的农业生态系统有害生物防治有所不同，即有害生物的防治更强调“防”重于“治”的原则。草地有害生物防治技术是预防和控制草地有害生物大量出现，避免或减轻草地植物遭受严重损失的技术，常针对草地植物群体而言。具体措施很多，主要有植物检疫、农业防治、抗性品种（种）利用、物理机械防治及生物防治等，此外，特殊地域、用途下，必要时也可以采取化学防治措施，此项目主要围绕各类防治方法开展。

【知识目标】

1. 掌握杀菌剂、杀虫剂的配比与施用方法。

2. 具体掌握农药品种的性能、防治对象、使用方法等。

3. 掌握鼠害控制原理。

4. 掌握几种常用的捕鼠器械的使用方法。

5. 了解其他非工具性捕鼠法。

6. 了解植保机、植保无人机的工作原理。

【技能目标】

1. 在进行草地病虫害防治时，能安全用药、正确选药、适时用药、适量用药、交互用药、混合用药。

2. 掌握胃毒剂的使用及毒饵的配制和施用方法，能通过对环境和捕杀对象的综合分析选用合适的捕鼠方法。

3. 操作植保机、植保无人机。

【素质目标】

1. 树立安全意识。熟知野外工作安全常识，能保障个人人身安全。

2. 遵守野外工作纪律，能恰当有效地利用时间，有效地制订计划并实施，按时完成各项任务。

3. 主动承担工作任务及责任，尊重他人及其意见，遵从集体决策，遵守各种行为规范和操作规范。

4. 树立严谨求实的科学态度。

【思政目标】

1. 懂农牧业、爱农牧民、爱农村牧区，做农牧人、干农牧事，增强投身“三农”的自豪感。

2. 能尊重自然、爱护自然，践行人与自然和谐、绿色发展理念，成为具有生态理念、生态情怀和生态技能的生态文明建设者。

任务一　防治草地病虫害

任务导入

综合防治是对有害生物进行科学管理的体系，它从草地生态系总体出发，根据有害生物与环境之间的相互联系，充分发挥自然控制因素的作用，因地制宜协调应用必要的措施，将有害生物控制在经济允许水平之下，以获得最佳的经济效益、生态效益和社会效益。即以草地生态全局为出发点，以预防为主，强调利用自然界对病虫的控制因素，达到控制病虫发生的目的。合理运用各种防治方法，相互协调，取长补短，在综合各种因素的基础上，确定最佳防治方案，利用化学防治方法时，应尽量避免杀伤天敌和污染环境。综合治理不是彻底消灭病虫害，而是把病虫害控制在经济允许水平以下。综合治理并不降低防治要求，而是把防治措施提高到安全、经济、简便、有效的水平上。病虫害的发生通常具有一定的联系，掌握病虫害的有效防治方法，是本次任务的主要目标。

任务工单

班级:____________　姓名:____________　学号:____________

任务名称	防治草地病虫害
任务描述	根据实际情况，填写本任务的内容、目的、流程和方法。 任务内容:____________ ____________。 任务目的:____________ ____________。 任务流程:____________ ____________。 任务方法:____________ ____________。
获取信息	要完成任务，需要掌握相关的知识。请收集资料，回答以下问题。 1. 病虫害防治的方式有哪些? 2. 什么是综合治理? 3. 什么是化学防治? 药剂应如何选择? 4. 防治工作开展注意事项有哪些?

（续表）

<table>
<tr><td>制订计划</td><td></td></tr>
<tr><td>任务实施</td><td>按照预先制订的工作计划，完成本任务，并记录任务实施过程。
<table>
<tr><th>序号</th><th>完成的任务</th><th>遇到的问题</th><th>解决办法</th></tr>
<tr><td></td><td></td><td></td><td></td></tr>
<tr><td></td><td></td><td></td><td></td></tr>
<tr><td></td><td></td><td></td><td></td></tr>
<tr><td></td><td></td><td></td><td></td></tr>
</table></td></tr>
<tr><td>任务评价</td><td>评价表
<table>
<tr><th>项目</th><th>评价内容</th><th>分值</th><th>自评</th><th>互评</th><th>师评</th></tr>
<tr><td rowspan="5">知识技能</td><td>种子清选与灭菌灭虫</td><td>10</td><td></td><td></td><td></td></tr>
<tr><td>正确汰除带病种子法</td><td>10</td><td></td><td></td><td></td></tr>
<tr><td>针对不同草地害虫选择正确防治方法开展防治</td><td>10</td><td></td><td></td><td></td></tr>
<tr><td>常用杀菌剂的配制</td><td>10</td><td></td><td></td><td></td></tr>
<tr><td>杀虫剂的配制与施用</td><td>10</td><td></td><td></td><td></td></tr>
<tr><td>任务进度</td><td>方式正确，操作安全规范（10分）；操作安全规范，方式准确度较高（7分）；操作不规范（5分）</td><td>10</td><td></td><td></td><td></td></tr>
<tr><td>任务质量</td><td>选择正确的防治方法，操作安全规范</td><td>10</td><td></td><td></td><td></td></tr>
<tr><td>素养表现</td><td>团结协作、科学严谨、认真务实、善于学习</td><td>15</td><td></td><td></td><td></td></tr>
<tr><td>思政表现</td><td>草地资源可持续利用的理念根植于心</td><td>15</td><td></td><td></td><td></td></tr>
</table></td></tr>
</table>

任务准备

一、知识准备

（一）农药配制及使用

1. 技能目标

农药应用技术对草地病虫防治起着重要作用。通过实训，学生应了解农药的分类，掌握具体农药品种的性能、防治对象、使用方法等知识，在进行植物病虫害防治时，能安全用药、正确选药、适时用药、适量用药、交互用药、混合用药，从而达到有效防治草地病虫害的目的。

2. 农药的种类

农药按其防治对象分为杀虫剂、杀菌剂、杀螨剂、杀线虫剂、杀鼠剂、除草剂和植物生长调节剂。

（1）杀虫剂。

①胃毒剂通过消化系统进入虫体内，使害虫中毒死亡。如敌百虫，适合于防治咀嚼式口器的昆虫。

②触杀剂通过与害虫虫体接触，药剂经体壁进入虫体内使害虫中毒死亡。

③内吸剂易被植物组织吸收，并在植物体内运输，传导到植株的各部分，或经过植物的代谢作用而产生有毒的代谢物，当害虫取食时使其中毒死亡。

④熏蒸剂以气体分子状态充斥其作用的空间，通过害虫的呼吸系统进入虫体，而使害虫中毒死亡。如磷化铝、溴甲烷等。熏蒸剂应在密闭条件下使用，效果才好。

实际上，杀虫剂的杀虫作用并不完全是单一的，多数杀虫剂兼有几种杀虫作用，如敌敌畏具有触杀、胃毒、熏蒸 3 种作用，但以触杀作用为主。在选择使用农药时，应注意选用其主要的杀虫作用。

（2）杀菌剂。

①保护剂。在植物感病前，把药剂喷雾于植物体表面，形成一层保护膜，阻碍病原微生物的侵染，从而使植物免受其害，如波尔多液、代森锌等。

②治疗剂。在植物感病后，喷雾药剂，以杀死或抑制病原物，使植物病害减轻或恢复健康。如三唑酮、甲基硫菌灵。

（二）常用农药剂型与使用方法

1. 农药的剂型

（1）粉剂。原药中加入一定量的惰性粉，如黏土、高岭土、滑石粉等，经机械加工成为粉末状物，粉粒直径在 100 μm 以下。粉剂不易被水湿润，不能兑水喷雾用，一般高浓度的粉剂用于拌种，制作毒饵或土壤处理用，低浓度的粉剂用作喷粉。

（2）可湿性粉剂。在原药中加入一定量的湿润剂和填充剂，经机械加工成的粉末状物，粉粒直径在 70 μm 以下。并加入一定量的湿润剂，如皂角、拉开粉等。可湿性粉剂可兑水喷雾用，一般不用作喷粉。

（3）乳油。原药加入一定量的乳化剂和溶剂制成的透明状液体。如 40% 氧乐果乳油。乳油适于兑水喷雾用，用乳油防治害虫的效果比同种药剂的其他剂型好，残效期长，是目前生产上应用最广的一种剂型。但乳油中含有毒的挥发性有机溶剂，存在着安全和污染环境等问题。因此，以水乳剂和微乳剂替代乳油已成必然趋势。

（4）颗粒剂。原药加入载体（黏土、煤渣、玉米芯等）制成的颗粒状物。粒径一般在 250~600 μm，如 3% 呋喃丹颗粒剂，主要用于土壤处理，残效长，用药量少。

（5）烟雾剂。原药加入燃料、氧化剂、消燃剂、引芯制成。点燃后燃烧均匀，成烟率高，无明火，原药受热气化，再遇冷凝结成漂浮的微粒作用于空间，一般用于防治温室大棚、林地及仓库病虫害。

（6）超低容量制剂。原药加入油质溶剂和助剂制成。专门供超低容量喷雾，使用时不用兑水而直接喷雾，单位面积用量少，工效高，适于缺水地区。

（7）可溶性粉剂（水剂）。用水溶性固体农药制成的粉末状物。可兑水使用，成本低，但不宜久存，不易附着于植物表面。

（8）片剂。原药加入填料制成的片状物。如磷化铝片剂。

（9）其他剂型。熏蒸剂、缓释剂、胶悬剂、毒笔、毒绳、毒纸环、毒签、胶囊剂等。随着农药加工技术的不断进步，各种新的制剂被陆续开发利用，如微乳剂、固体乳油、悬浮乳剂、可流动粉剂、漂浮颗粒剂、微胶囊剂、泡腾片剂等。

2. 农药的使用方法

农药的品种繁多，加工剂型也多种多样，同时，防治对象的为害部位、为害方式、环境条件等也各不相同，因此，农药的使用方法也很多，归纳起来有以下 5 种。

（1）喷雾。借助于喷雾器械将药液均匀地喷布于防治对象及被保护的寄主植物上。适合于喷雾的剂型有乳油、可湿性粉剂、可溶性粉剂、胶悬剂等。在进行喷雾时，雾滴大小会影响防治效果，一般喷雾直径最好在 50~80 μm，喷雾时要求均匀周到，使目标物上均匀地有一层雾滴，并且，不形成水滴从叶片上滴下为宜。喷雾时最好不要选择中午，以免发生药害和人体中毒。

（2）喷粉。利用喷粉器械产生的风力，将粉剂均匀地喷布在目标植物上的施药方法。此法最适于干旱缺水地区使用。适于喷粉的剂型为粉剂。此法的缺点是用药量大，粉剂黏附性差，效果不如同药剂的乳油和可湿性粉剂好，而且易被风吹流失和雨水冲刷，污染环境。因此，喷粉时，宜在早晚叶面有露水或雨后叶面潮湿且无风条件下进行，使粉剂易于在叶面沉积附着，以提高防治效果。

（3）土壤处理。将药粉用细土、细沙、炉灰等混合均匀，撒施于地面，然后进行耧耙翻耕，主要用于防治地下害虫或某一时期在地面活动的昆虫。如用 5% 辛硫磷颗粒剂 1 份与细土 50 份拌匀，制成毒土。

（4）拌种、浸种或浸苗、闷种。拌种是指在播种前用一定量的药粉或药液与种子搅拌均匀，用以防治种子传染的病害和地下害虫。拌种用的药量，一般为种子重量的 0.2%~0.5%。

（5）熏蒸。熏蒸是利用有毒气体来杀死害虫或病菌的方法。一般应在密闭条件下进行。主要用于防治温室大棚、仓库、蛀干害虫和种苗上的病虫。

总之，农药的使用方法很多，在使用农药时，可根据药剂的性能及病虫害的特点灵活运用。

3. 农药的稀释计算

农药浓度表示法有倍数法、百分比浓度法（%）和摩尔浓度法（百万分浓度法）。生产上最常用的是倍数法。倍数法是指药液（药粉）中稀释剂（水或填料）的用量为原药剂用量的多少倍，或者是药剂稀释多少倍的表示法。通常有内比法和外比法 2 种配法。用于稀释 100 倍以下（含 100 倍）时用内比法，即稀释时要扣除原药剂所占的 1 份。如稀释 10 倍液，即用原药剂 1 份加水 9 份。用于稀释 100 倍以上时用外比法，计算稀释量时不扣除原药剂所占的 1 份。如稀释 1 000 倍液，即可用原药剂 1 份加水 1 000 份。

二、材料工具及教学场所准备

当地常用的农药品种、天平、牛角匙、试管、量筒、烧杯、玻璃棒；背负式喷雾器等。

教学场所：实验室。

三、人员准备

人员分组，每组 5 人。明确职责分工。

任务角色	任务内容
组长：	任务：
组员 1：	任务：
组员 2：	任务：
组员 3：	任务：
组员 4：	任务：

任务筹划

一、内容筹划

（1）掌握杀菌剂、杀虫剂的配比与施用方法。

（2）掌握农药种类的性能、防治对象、使用方法。

（3）在进行草地病虫害防治时，能安全用药、正确选药、适时用药、适量用药、交互用药、混合用药。

二、方法筹划

在使用农药防治植物病虫害的同时，要做到对人畜、天敌、植物及其他有益生物的安全，要选择合适的药剂和准确的使用浓度。防治工作的操作人员必须严格按照用药的操作规程，规范操作。

1. 农药的毒性

农药对人的毒性分为急性毒性与慢性毒性。急性毒性是指一次性或短时间里大量摄入农药而发生的急性病理反应。农药一般是通过消化道、皮肤、呼吸系统3个途径进入人体。慢性毒性是指长期连续少量摄入农药最终发生病理反应。这种情况下农药主要是通过饮食进入体内，慢性毒性中致癌、致畸、致突变的“三致毒性”特别值得注意。有的农药品种有毒的有效成分及其有毒的降解物、衍生物、代谢物、合成副产物，被人体长期微量摄入，代谢与排泄总量少于摄入量，而在某些器官、组织中不断积存，称作“富积性毒性”；或者在植物上及在环境中长期滞留、迁移与扩散，污染了农、畜产品及水源，污染了环境，形成农药残留问题，恶化了人们赖以生存的环境，毒物进入环境中的各种食物链并在食物中较高层次的生物体内富集，这些情况都会对人体构成慢性毒性的威胁。

2. 防止用药中毒

为了安全使用农药，防止出现中毒事故，须注意下列事项。

（1）用药人员必须身体健康，如有皮肤病、高血压、精神失常、结核病患者，药物过敏者，孕期、经期、哺乳期的妇女等，不能参加该项工作。

（2）用药人员必须做好一切安全防护措施，配药、喷药时应穿戴防护服、手套、风镜、口罩、防护帽、防护鞋等标准的防护用品。

（3）喷药应选在无风的晴天进行，阴雨天或高温炎热的中午不宜用药；有微风的情况下，工作人员应站在上风头，顺风喷洒，风力超过4级时，停止用药。

（4）配药、喷药时，要按照配药和喷药的规定操作，工作完毕时，须用肥皂洗净手和脸，工作服也要洗涤干净。

（5）喷药过程中，如稍有不适或头疼目眩时，应立即离开现场，寻找一通风阴凉处安静休息，如症状严重，必须立即送往医院，不可延误。

三、流程筹划

（1）开展草地病虫害调查。主要围绕种类、种群密度及损失量开展调查。

（2）根据调查结果开展预测预报，确定防治的时间与防治方法。

（3）完成草地病虫害综合治理方案的制定。

（4）开展病虫害防治工作。

（5）病虫害防治后开展防效调查。

任务实施

步骤一：
步骤二：
步骤三：
步骤四：
步骤五：
步骤六：
步骤七：

任务评价

工作任务完成过程评价表

班级：__________ 组别：__________ 姓名：__________

项目	评分标准	自我评价	小组评价	教师评价
综合治理方案编写（30分）	明确防治对象（10分）			
	正确的防治方法与防治时间（10分）			
	基于生态的统筹策划（10分）			
化学药剂的识别与应用（30分）	农药识别（10分）			
	农药的正确配制（10分）			
	农药的施用（10分）			
开展防治（20分）	制订合理的轮牧、禁牧方案（10分）			
	有效利用生物制剂（10分）			
安全作业（20分）	药剂安全施用（10分）			
	完成药剂回收与保管（10分）			
合计				
自我评价与总结				
教师点评				

任务二　防治草地鼠害

任务导入

草地鼠害是指在草地生态系统中，鼠类（啮齿动物）的数量在某种（或多种）因素的干预下出现超常增长，其结果不仅使人类利益受到损害，还将威胁到整个生态系统的安全，甚至导致系统功能的紊乱乃至丧失。鼠害防治的方法包括物理防治、化学防治、生物防治和生态防治，4种方式各有利弊，进而提出综合防治理念。综合防治是对有害生物的系统管理方法，它按照有害生物的种群动态和与它相关联的环境关系，尽可能协调地运用适当的技术和方法，使有害生物数量保持在为害阈值之下。从灭鼠对策的发展上看，理应提倡综合防治方法。因为单纯使用任何一种方法，都不足以达到控制鼠害的目的，应该从生物与环境关系的整体出发，本着预防为主的指导思想和安全、有效、经济、简便的原则，因地、因时制宜，合理利用农业的、生物的、化学的、物理的措施，以及其他有效的生态手段，把鼠类数量长期控制在不足以造成为害的水平。

任务工单

班级：________　姓名：________　学号：________

任务名称	防治草地鼠害
任务描述	根据实际情况，填写本任务的内容、目的、流程和方法。 任务内容：________________。 任务目的：________________。 任务流程：________________。 任务方法：________________。
获取信息	要完成任务，需要掌握相关的知识。请收集资料，回答以下问题。 1. 鼠害防治主要是灭杀还是控制？

（续表）

<table>
<tr><td rowspan="5">获取信息</td><td colspan="6">2. 鼠害治理应该遵循哪些原则？</td></tr>
<tr><td colspan="6">3. 鼠害防治的方法有哪些？</td></tr>
<tr><td colspan="6">4. 毒饵配制的注意事项有哪些？</td></tr>
<tr><td colspan="6">5. 鼠害防治过程中的安全注意事项包括几个方面？</td></tr>
<tr><td colspan="6">6. 什么是综合治理？综合治理的优势主要表现在？</td></tr>
<tr><td>制订计划</td><td colspan="6"></td></tr>
<tr><td rowspan="6">任务实施</td><td colspan="6">按照预先制订的工作计划，完成本任务，并记录任务实施过程。</td></tr>
<tr><td>序号</td><td>完成的任务</td><td>遇到的问题</td><td colspan="3">解决办法</td></tr>
<tr><td></td><td></td><td></td><td colspan="3"></td></tr>
<tr><td></td><td></td><td></td><td colspan="3"></td></tr>
<tr><td></td><td></td><td></td><td colspan="3"></td></tr>
<tr><td></td><td></td><td></td><td colspan="3"></td></tr>
<tr><td rowspan="7">任务评价</td><td colspan="6">评价表</td></tr>
<tr><td>项目</td><td>评价内容</td><td>分值</td><td>自评</td><td>互评</td><td>师评</td></tr>
<tr><td rowspan="5">知识技能</td><td>捕鼠器械的使用</td><td>10</td><td></td><td></td><td></td></tr>
<tr><td>毒饵的选择与使用</td><td>10</td><td></td><td></td><td></td></tr>
<tr><td>生物制剂的使用与注意事项</td><td>10</td><td></td><td></td><td></td></tr>
<tr><td>天敌动物保护与引进方法</td><td>10</td><td></td><td></td><td></td></tr>
<tr><td>生态治理</td><td>10</td><td></td><td></td><td></td></tr>
</table>

（续表）

任务评价	评价表					
	项目	评价内容	分值	自评	互评	师评
	任务进度	方式正确，操作安全规范（10分）；操作安全规范，方式准确度较高（7分）；操作不规范（5分）	10			
	任务质量	选择正确的防治方法，操作安全规范	15			
	素养表现	团结协作、科学严谨、认真务实、善于学习	15			
	思政表现	以生态文明建设为核心，助力于生态保护	10			

任务准备

一、知识准备

1. 物理灭鼠

物理灭鼠是最常用的灭鼠方法之一，这种方法不仅简单易行，对人、畜比较安全，若使用得当，效果较好且易推广。各类捕鼠器械的使用方法详述如下。

（1）鼠夹（板夹）。带踏板的中型鼠夹，常常逼近洞口布夹，或放在鼠道旁和鼠类经常觅食的场所。踏板下不应有石块、泥土或草根等物，以免影响鼠夹的灵敏度。鼠夹放在鼠道上时，应使鼠夹与鼠道垂直，这样可以捕杀来自两个方向的鼠类。鼠夹不仅可以在地面上使用，而且可放在高处，如树上、室内的横梁和水管上使用。此时，需将鼠夹以细铁丝拴住固定好，以免击发后坠落。使用引诱力强的诱饵也很重要。常用的诱饵有：鲜甘薯块、油炸饼、花生米、葵花籽，以及水果、鱼等。

（2）弓形夹。弓形夹（踩夹、钢闸）由两个弧形铁弓作为主体，利用弹簧钢片的强力弹压作用，当鼠触动踏板时，夹被击发，两个铁弓即猛力将鼠夹住。

（3）环形夹。两片对称的带孔铁片，孔与鼠洞洞口大小相近。环形夹一般有链，可挂在墙上，使夹孔正对鼠洞洞口，当鼠出洞时触动别棍，使别棍脱开，两铁环左右分开，鼠被捕获。

（4）捕鼠笼。捕鼠笼包括笼体、活门和机钩 3 部分。笼体除用铁丝编织外，也可以用带孔的铁片（工业下脚料）、木板或竹筒等制作。捕鼠笼常用以捕捉活鼠。捕鼠笼一般需用诱饵，布放在鼠的活动场所。

2. 化学灭鼠（防鼠）法

（1）驱鼠剂。能够起到抑制鼠类摄食作用的物质被称为驱鼠剂。在大面积化学灭鼠后，使用驱鼠剂可以延长灭鼠效果。良好的驱鼠剂应具备以下特点。

①驱鼠效果好，有效期长。

②低毒。

③对热、光稳定，稳定性能好，不污染环境。

④价格低廉。

（2）引诱剂。能引诱鼠至布饵处并摄食毒饵的组分或药剂被称为引诱剂。引诱剂有性引诱剂和食物引诱剂两种，通常以嗅觉起到引诱性作用，具有以下特点。

①嗅觉引诱剂通常以气味来吸引鼠类，硫化物和长链烷基乙酸对雄鼠具有引诱作用。

②食物引诱剂中，植物油、味剂、增肤刻、食品调料等，对提高诱饵适口性的效果比较稳定，适应面广。

③动情期鼠尿液用来吸引雄鼠在小型试验中证明可提高杀灭率。

（3）毒饵灭鼠法。是使用胃毒剂配制成各种不同浓度的毒饵，诱鼠取食，使鼠中毒死亡的灭鼠方法。有时，通过其他方法使毒药进入鼠口将鼠毒死，也可从广义上看成是毒饵灭鼠的一种。毒饵灭鼠效果较好，效率较高。毒饵可以成批配制，投放比较简单。在一般情况下，大面积灭鼠时可采用各种机械投药，效率更高；需要注意的是选用适口性好且高效低毒药剂，实现科学、安全、高效防治是关键，目前使用较多的低毒药剂有 C 型肉毒梭菌毒素、新贝奥、莪术醇、地芬·硫酸钡、雷公藤甲素、杀它仗等，它们的作用机理不同，但防治效果均较好。

选好毒饵中的杀鼠剂，对灭鼠效果具有决定性的意义。优良的杀鼠剂，应该是安全有效、使用方便和价廉易得的。有毒的药物很多，但能用于灭鼠的仅占其极少的一部分。衡量毒物是否可以用于灭鼠，通常需要考虑以下几个方面的问题。

①毒力适中。关于杀鼠剂的毒力有一个衡量它的客观标准致死量，即致死中量（或半数致死量）（LD_{50}），它是用来表示药物毒力大小的指标。LD_{50} 愈小，药物毒力愈大。理想的杀鼠剂，应该做到防治对象广，毒力选择性强。

②适口性好。适口性表明了鼠类对有毒药物接受的程度，是药剂能否配制成毒饵施用的试金石。适口性可分为首遇和再遇两种，好的杀鼠剂应该是两种适口性皆好，这样才能间隔时间后继续使用。判断毒剂适口性的好坏，不能依赖人类的感官和主观判断，而应直接用靶子鼠进行试验。衡量适口性的标准为摄食系数，它代表鼠类取食毒饵的比例。

③避免出现耐药性。耐药性通常分为两种，一种是生理型耐药性，这种耐药性一般在鼠体内只能维持有限的时间，超过这个时间，耐药性可能减弱或消失。另一种是遗传型耐药性，是指在连续使用该种药物灭鼠后，敏感鼠大部分被消灭，种群敏感基因频率下降，扩性鼠残留下来并得到繁殖的机会，种群抗性基因频率上升，从而形成耐药种群。

④药物的作用速度适中为宜。为满足灭鼠效果要求，药物的作用速度以适中

为宜。

⑤药物的稳定性好。

⑥有对应的解毒剂。

⑦正确投放毒饵。可以采用洞口投饵或洞群投饵：可将毒饵放于有效洞外跑道两侧；大块毒饵，为了避免牲畜采食，也可投在洞内，投饵量为每洞 0.1~0.2 g，缓效杀鼠剂用量要大一些（至少大 1 倍）。本法适用于植被低矮稀疏、洞口明显的地段。布饵时应当稍稍撒开些，以减少牲畜采食的机会。

或均匀投饵和带状投饵：在鼠洞密度较高、分布比较均匀的地段，根据鼠类主动觅食的习性，可以采用均匀投饵法。即用人力或机械均匀撒施毒饵，使毒饵以单粒存在。速效药可投 0.5~1.0 kg/hm^2，缓效药加倍。均匀投饵可以只投在洞口集中处，也可以投成带状。

亦可使用草地喷雾法：将内吸性杀鼠剂配制成一定浓度溶液，以喷雾器喷在生长旺盛的草地植株上，喷药量一般在 50~100 mL/m^2。既可以全面喷洒又可以条喷、点喷。

3. 生物灭鼠法

（1）微生物灭鼠。利用对人、畜无毒而对鼠有致病力的病原微生物灭鼠。控制鼠类的微生物主要指一些能使鼠类致病的病原生物，如 C 型肉毒梭菌。

使用微生物制剂的注意事项如下。

①微生物毒素制剂应保存在 0 ℃以下的保温箱中。

②生产好的微生物毒素液，一般保存在 −30 ℃的冰箱中，毒素结冰，在使用中要将毒素瓶放在 1 ℃的冰水中，待其慢慢溶解，严禁用温水或加热溶解。

③拌制毒饵时，最好在 1~4 ℃房内保存，切忌高温及日照。

（2）利用天敌灭鼠

天敌动物灭鼠是指保护或引进天敌动物的方法。啮齿动物的天敌种类较多，分布广泛，就青海天然草地而言，常见的鼠类天敌包括鹰、藏狐、黄鼬及其他猫科、犬科动物等。具体利用方式可参考如下。

①鹰架招鹰。即根据鹰类喜欢栖于视野开阔的高处捕食猎物的特点，利用害鼠处于低数量水平时，设立招引设施，为鹰类提供栖息条件，在原有自然条件下改善捕食者的生存、休息、消化食物的环境。以期达到在较长时间内使害鼠种群保持低数量水平。控制区内鹰类增多，鼠类减少，达到了有鼠无害、长期控制的目的。

②保护藏狐栖息地，通过人工造窝吸引藏狐栖息繁衍。

4. 生态灭鼠

生态学灭鼠法主要包括环境改造、断绝鼠粮、修建防鼠建筑、消除鼠类隐蔽场所等。改变、破坏害鼠生活的环境条件并不能直接或立即杀灭害鼠，但对害鼠生活不利，可减少害鼠的增殖或增加其死亡率，从而降低害鼠的密度。生态灭鼠涉及面广，也是一种综合性措施，虽然只着眼于防而不能直接杀灭鼠类，收效较慢，但与其他方法配合进行，就会提高其灭鼠效果，而且可使其防治效果持久，收到事半功倍的效果。

招鹰架　　　　毒饵投放

二、材料工具及教学场所准备

主要材料：试鼠饵料（面粉、玉米粉、豆粉、骨粉、鱼粉）、小白鼠（体重18~40 g，每组 40 只）、药剂。

工具：电子天平、托盘、镊子、烘箱、养鼠盒（或带铁网盖的养鼠罐）。

鼠夹：带踏板的鼠夹、带饵钩的鼠夹、弓形夹、环形夹。

捕鼠笼：倒须捕鼠笼。

教学场所：保护实训室。

三、人员准备

人员分组，每组 5 人。明确职责分工。

任务角色	任务内容
组长：	任务：
组员 1：	任务：
组员 2：	任务：
组员 3：	任务：
组员 4：	任务：

任务筹划

一、内容筹划

（1）掌握鼠害控制原理。

（2）掌握胃毒剂的使用原则及毒饵的配制和施用方法。

（3）能通过对环境和捕杀对象的综合分析选用合适的捕鼠方法。

（4）掌握几种常用的捕鼠器械的使用方法。

（5）了解其他非工具性捕鼠法。

二、方法筹划

根据啮齿动物形态、一般生态、种群生态、为害状况等特性，选择合适的防治方法，制定绿色环保可持续的防治方案。

1. 高原兔

（1）形态特征。体型较大，被毛柔软，底绒丰厚；耳长超过颅全长，前折时明显超过鼻端；夏毛体背为暗黄灰色，额与鼻部中央毛色极暗，鼻部两侧与眼周围的毛色较浅；吻端具极长的须；冬毛头顶、耳背和体背中央呈浅灰白色，耳尖黑色；头骨粗大，成体颅全长不小于 90 mm；眶后突极大，并明显向上翘起，头骨侧面观察会发现其眼眶的高度明显高于其他兔种；听泡小而低。

（2）生态特性。栖息于海拔 2 100~4 000 m 的高山地带、高山草地、高山草甸草地、河谷及河漫滩灌丛，亦可栖息于植被生长比较茂盛的荒漠半荒漠绿洲中，隐蔽条件要求较高。一般无固定洞巢（即使有也仅仅是一个较浅陋的凹窝，临时休憩），常利用旱獭废弃洞穴藏身；巢的形状及大小可供识别高原兔性别（雌兔巢卵圆形，雄兔巢长圆形）。昼出活动，清晨和傍晚出现活动高峰。繁殖特性：气候温暖的山地地区，每年产仔 2~3 窝，每胎产 2~5 仔；青藏高原、祁连山地区每年繁殖一次，繁殖期为 5—7 月，每胎产 5~7 仔。地理分布：分布于我国青藏高原及四川西部，祁连山地、柴达木盆地和昆仑山。

（3）为害特点。主要为害农作物、啃食草种，影响草地更新。

（4）防治方法。可用活套、踩夹、张网等方法捕捉；为害严重或劳动力不足时，可用 0.005% 杀它仗毒饵消灭。天敌主要有狼、狐、猞猁、艾鼬、鹰等。

2. 达乌尔鼠兔

（1）形态特征。体型粗短，四肢短小，体长 125~185 mm，后足略长于前肢，无尾，耳大，呈椭圆形，有明显的白色边缘；吻部上下唇为白色；夏毛较短，一般背部为沙褐色；下门齿 1 对。

（2）生态特性。分布与洞穴：高原鼠兔分布于海拔 3 200~5 200 m 高海拔地区，营洞穴生活，主要栖息在高山、亚高山草甸，草地化草甸和干草地上；洞穴可分为栖居洞和临时洞，栖居洞是居住和繁殖的场所，结构复杂，一般洞口 4 个以上，多至 25 个，平均 6~10 个，洞口前有扇形土丘（瞭望台），冬春季节一般洞口被堵塞，留下的洞口少而小，洞口下斜度大于 60°，并常用枯草堵住，使洞穴有良好的御寒保温作用，夏秋季节，6—7 月挖开被堵塞洞口或新挖洞口，洞口下斜度 30~45°，洞口前堆有新的土丘，内有陈旧球形粪便及腐草；洞道内有便所、窝巢。活动节律：7 月活动频率最高，活动范围较大，7 月初幼鼠出洞开始分居；8—9 月，成、幼个体皆进入育肥期，日采食时间长达 13.5~16 h 以上；活动频率最低是在 12 月至翌年 1 月。食性：草食性动物，主要吃植物的嫩茎、叶、花、种子及根芽；最喜食的植物有早熟禾、多枝黄芪、异穗苔、青稞、蒲公英；喜食植物有小嵩草、扁穗冰草、针茅等；较喜食植物有二裂委陵菜、紫菀。繁殖：青藏高原地区 1 年繁殖 1 次（4—7 月）。

（3）地理分布。分布于青藏高原及其毗邻地区。

（4）为害特点。强烈的挖掘活动破坏生草层，极易引起水土流失；采食草越冬芽、幼苗、导致植物不能正常自我更新，加速草地退化。

（5）防治方法。①化学灭鼠：利用鼠道难、溴敌隆等毒饵灭鼠。②物理捕鼠：可使用鼓风捕鼠法、陷阱法、封洞法（冬季用泥堵死洞口解冻后会闷死）等。

3. 高原鼢鼠

（1）形态特征：体型粗短肥壮，一般雄鼠大于雌鼠，头扁而宽，吻端平钝，无耳壳，眼极细小，四肢较短；无针毛，毛色灰褐色，夏毛多呈锈红色。

（2）生态特性：地下生活的鼠类，洞穴结构复杂，地面无裸露洞口，多形成土丘；高山草甸地区鼢鼠 1 年繁殖 1 次，多为 2~3 只。

（3）经济意义：对草地、农田、树木均造成一定程度的损失；皮毛可制作帽子等；全骨可干燥入药（塞隆骨）。

（4）防治方法：物理捕鼠时可选用针对地下鼠类的地箭、暗箭等；化学防治需卄洞投饵，毒饵的选择可参考鼠兔等。

三、流程筹划

（1）开展鼠害调查，主要围绕种类、种群密度及损失量。

（2）根据调查结果开展预测预报，确定防治的时间与防治方法。

（3）完成鼠害综合治理方案的制定。

（4）开展鼠害防治工作。

（5）防效调查。

任务实施

步骤一：

步骤二：

步骤三：

步骤四：

步骤五：

步骤六：

步骤七：

任务评价

工作任务完成过程评价表

班级：______ 组别：______ 姓名：______

项目	评分标准	自我评价	小组评价	教师评价
物理防治（25分）	捕鼠器械的放置与使用（10分）			
	诱饵的选择与放置（5分）			
	地下鼠的灭杀工具使用（10分）			
化学防治（50分）	毒饵适口性测定、毒饵投放（15分）			
	熏蒸剂的施用（15分）			
	安全用药（20分）			
生态防治（15分）	消除鼠类隐蔽场所（找出储备地）（5分）			
	合理制订草地综合利用方案，改善草地退化（10分）			
生物防治（10分）	微生物代谢产物的应用与注意事项（5分）			
	保护生态环境，识别保护各类天敌动物（5分）			
合计				

自我评价与总结	
教师点评	

任务三　操作植保机械

任务导入

为提高草地病虫鼠草害的防治效率，使防治工作更加科学化、现代化，省时省力且保障灭杀效果，植保机械的合理应用变得尤为重要。目前，青海海北州刚察县县域内天然草地发生草原毛虫为害，同学们根据情况选择合适的植保机械进行防治。

任务工单

班级：＿＿＿＿＿＿＿＿　姓名：＿＿＿＿＿＿＿＿　学号：＿＿＿＿＿＿＿＿

任务名称	操作植保机械
任务描述	根据实际情况，填写本任务的内容、目的、流程和方法。 任务内容：＿＿＿＿＿＿＿＿ ＿＿＿＿＿＿＿＿。 任务目的：＿＿＿＿＿＿＿＿ ＿＿＿＿＿＿＿＿。 任务流程：＿＿＿＿＿＿＿＿ ＿＿＿＿＿＿＿＿。 任务方法：＿＿＿＿＿＿＿＿ ＿＿＿＿＿＿＿＿。
获取信息	要完成任务，需要掌握相关的知识。请收集资料，回答以下问题。 1. 植保的意义和防治措施有哪些？ 2. 施药方法有哪些？ 3. 描述植物保护机械的分类？ 4. 喷雾机的农业技术要求和一般构造和工作过程是什么？

（续表）

<table>
<tr><td rowspan="6">获取信息</td><td colspan="4">5. 影响喷雾质量的因素有哪些？</td></tr>
<tr><td colspan="4">6. 什么叫无人植保机？</td></tr>
<tr><td colspan="4">7. 无人植保机的类型有哪些？</td></tr>
<tr><td colspan="4">8. 多旋翼植保无人机的结构和原理是什么？</td></tr>
<tr><td colspan="4">9. 植保无人机施药关键技术有哪些？</td></tr>
<tr><td colspan="4">10. 关键施药设备有哪些？</td></tr>
<tr><td>制订计划</td><td colspan="4"></td></tr>
<tr><td rowspan="6">任务实施</td><td colspan="4">按照预先制订的工作计划，完成本任务，并记录任务实施过程。</td></tr>
<tr><td>序号</td><td>完成的任务</td><td>遇到的问题</td><td>解决办法</td></tr>
<tr><td></td><td></td><td></td><td></td></tr>
<tr><td></td><td></td><td></td><td></td></tr>
<tr><td></td><td></td><td></td><td></td></tr>
<tr><td></td><td></td><td></td><td></td></tr>
</table>

任务准备

一、知识准备

1. 植保的意义和防治措施

作物在生长过程中，常常因遭受病虫草鼠害而降低产量和质量。因此，做好植物保护工作，对于确保稳产高产具有重要的意义。

防治病虫草害的方法很多，有农业防治、生物防治、物理防治和化学防治等。其中，化学防治法是利用喷施各种化学药剂来防治病虫鼠草害的一种有效措施，应用非常广泛。

2. 施药方法

常用的化学药剂有液剂和粉剂两类。施药液的方法有喷雾法、弥雾法、超低量喷雾法和喷烟法等；施药粉则采用喷粉法。

（1）喷雾法。对药液施加一定的压力，通过喷头雾化成直径为 100~300 μm 的雾滴，喷洒到作物上。

（2）弥雾法。利用高速气流将粗雾滴吹散、破碎，雾化成直径为 75~100 μm 的雾滴，并吹送到远方，沉降到植株上。

（3）超低量喷雾法。通过高速旋转的齿盘将微量原药液甩出，雾化成直径为 15~75 μm 的雾滴，借助自然风或高速气流，吹送、漂移、沉降到植株上。

（4）喷烟法。利用高温气流对烟剂加热，使之发生热裂变，形成烟雾，再用高速气流吹送到远方，弥散到各处。

（5）喷粉法。利用高速气流将药粉喷撒到作物上。

3. 植保机械的种类

喷施化学药剂防治病虫草害所用的机械称为植保机械。植保机械通常按下列 3 种方法分类。

（1）按施药方法。可分为喷雾机、弥雾机、超低量喷雾机、喷烟机和喷粉机。

（2）按动力不同。可分为手动式和机动式两种。

（3）按机器的配置形式。可分为肩挂式、背负式、担架式、悬挂式和牵引式。

此外，还有航空植保机械。它具有经济、及时、喷洒效率高，不受地面各种条件限制等优点，适用于大面积的平原和林区。

4. 植保无人机施药关键技术

（1）变量施药。变量施药是未来植保技术发展主要趋势之一，与传统施药技术相比，变量施药可以根据病虫害发生程度、作物疏密等信息按需给药，不仅可以解决农药过量使用问题，而且能够节省成本，提高防治效率。

目前变量施药系统大多基于脉宽调制技术（PWM），通过改变占空比，来控制隔膜泵转速从而实现喷施量调节。王玲基于 PWM 设计的变量喷施测控系统，可通过软件远程实现对无人机施药状态，施药参数的调整。王大帅等开发了基于 LabVIEW 的地面站控制软件，采用多传感器融合技术进行施药参数的实时监测，该系统可实现流量与飞行速度自动匹配，但飞行速度增加会造成雾滴沉积量减少。王林惠等采用图像处理技术对非作物区进行识别，获得作物处方图，然后控制喷头实施精准施药，在无干扰风场情况下，减施率可达 32.7%。

（2）避障技术。无人机施药时农田周围环境较为复杂，有建筑，电网，通信等设施，这对安全作业产生威胁，因此无人机自主避障是目前研究的一个热点课题。因障碍物形状特征差异较大，且分布随机化，所以无人机避障技术的难点在于障碍物的自主识别。兰玉彬等人对农用无人机不同避障技术的适用性及主要避障传感器进行对比分析，指出多种避障技术组合、实时性主动避障技术、建立辅助避障系统和制定避障流程标准是几大研究方向。李海林基于激光位移传感器提出了一种避障方法，该方法包括飞前自检、数据采集、有效数据块的提取、障碍物基本参数计算及障碍物模式识别几个部分。肖儒亮针对四旋翼无人机，以开源飞控 APM 为核心控制器件完成了自动避障系统的硬件和软件设计，实现无人机与障碍物之间距离的检测和避障。

（3）减漂技术。影响雾滴漂移的因素很多，包括喷施技术、冠层类型和高度、气象条件及药液理化性质。目前主要减漂手段有研发减漂喷头、添加飞防助剂、优化喷洒技术、设置漂移缓冲区及种植树篱带等。

喷头通过控制雾滴粒径大小来减小漂移。改变喷头类型、尺寸、压力，开发空气诱导型喷头都可以减少漂移。DiegoFornasiero 试验证明低漂移喷头可使雾滴漂移量降低 90%，助剂与高漂移喷头组合可使漂移量降低 50%。目前被广泛使用的减漂喷头采用射流技术，在喷头内部将空气和药液混合形成二相流后雾化成液滴。张亚坤对喷头内腔直径、“V”形槽角和相对切深进行优化，设计出控制漂移的喷头。FaiçalBruno 提出一种基于无线传感器网络的农田无人机施药架构，传感器将农药沉积信息发送给无人机控制系统，控制系统以此为依据实时修正飞机航线，使雾滴最大限度落在靶标区，但此方法成本较高。HilzE 指出可以通过改变农药添加剂配方来改变农药理化特性，从而降低漂移风险。此外，施药区周边设置漂移缓冲区可以保护水渠不受污染。为此 McbE 尝试通过风洞试验来估算漂移缓冲区的设置距离。

一些学者对雾滴沉降和漂移机理进行研究，尝试建立漂移模型，其中最著名的是 Teske 等建立的 AGDISP 模型，用户可以输入喷头、药液、飞机类型、天气因素等信息，通过对内部数据库调用，预测可能产生的漂移。董祥将雾滴沉积过程划分为界面接触、水平铺展、收缩和二次铺展 4 个阶段，将反弹过程分为界面接触、水平铺展、收缩、弹离壁面 4 个阶段，在收缩阶段结束后，雾滴是否仍有足以使其脱离界面的能量是雾滴发生反弹或沉积的关键。王潇楠建立雾滴漂移能量模型，可根据雾滴运动速度和雾滴粒径有效预测雾滴漂移潜力，认为相邻两喷头喷雾扇面适当重叠时，可以增加雾滴粒径，从而增加雾滴动能，减小漂移。

（4）雾滴检测。根据雾滴沉积特性可直接对无人机喷洒质量做出评判，目前常用的评价方法包括雾滴密度判定法和 50% 有效沉积量判定法。陈盛德对比两种方法对无人机有效喷幅的评估效果，指出应根据植保无人机喷施雾滴粒径的范围选择合适的方法。宋坚利认为密度判定法在雾滴重叠时会产生误差，考虑到雾滴沉积分布特性和工作效率需求，建议采用 50% 有效沉积判定法确定有效喷幅。这些方法实施起来工作量大，效率低，因此，快速、准确获取雾滴分布信息很重要。JiaoL 利用红外热成像技术获取喷洒前后环境热差，以此检测雾滴分布范围和浓度，与水敏纸法相比，该方法具有快速，无接触，可实时测量的优点。Zheng 提出一种基于激光雷达反射原理测量雾滴分布的新方法，与人工测量值相比，该方法测量结果相对误差较小，且具有扫描周期短，精度高等优点。MinovSV 等使用一个背光图像采集系统和图像处理技术测量不同类型喷头的雾滴粒径，试验证明该方法可用来以非侵入方式来测量雾滴粒径分布情况。

二、材料准备

实训辅助手册、行业规范与技术标准、植保机、拖拉机。

三、材料工具及教学场所准备

现代农业装备实训室、工具箱一套、实训服、手套、植保机、毛巾若干、清洁剂。

四、人员准备

人员分组，每组 6 人，明确职责分工。

任务角色	任务内容
组长：	任务：
组员 1：	任务：
组员 2：	任务：
组员 3：	任务：
组员 4：	任务：
组员 5：	任务：

任务筹划

一、内容筹划

喷雾机的使用及保养维护。

二、流程筹划

（一）植保机械的使用

1. 机具技术状态的检查

检查机具零部件是否齐全完整，各连接处是否紧固，运动部件是否灵活，密封处有无漏油、漏药、漏气现象，供油、供药系统是否畅通；对各注油点加注润滑油，并检查动力机的润滑油面，必要时添加；检查压力表和安全阀是否正常；启动动力机，观察机具运转情况，有无卡滞和异常响声，操纵是否灵活可靠。

2. 喷头的选择与配置

包括喷头数的确定、喷头的配置方式。

3. 机具的试喷

在大面积喷药之前，应先将药箱内加满水进行试喷。在试喷过程中，检查喷射部件的雾化情况，观察各连接处有无漏液、漏气现象，并进行调整、紧固等。

4. 使用与安全技术

在大面积喷药之前，应先进行小区施药对比试验，以便检验选择的农药品种、浓度、施药量是否合适。

喷雾作业最好在无风或微风天进行。喷雾方向尽可能与风向一致，机具前进方向与风向垂直或偏斜一定角度，从下风头开始，按梭形走法进行喷洒。

操作人员要身体健康，了解农药的毒性、应用范围、使用方法、残效期以及中毒后的症状、急救措施等。

操作人员必须穿戴防护用具，尽可能避免与农药直接接触。作业中严禁进食和吸烟，作业后用肥皂洗净手脸，以防农药入口中毒。

喷雾机发生故障时，必须先降低管道中的压力，然后停机检查，排除故障。

作业结束后，清除药箱、管路中的残存药液，用清水冲洗后擦干，放在阴凉、干燥、通风处。较长时间存放时，应卸下喷头、喷管、胶管等集中存放。塑料件应避免压、折而变形或损坏。

（二）农业植保无人机的使用

1. 作业前准备

（1）作业区块要求。作业区块及周边应避免有影响安全飞行的林木、高压线塔、电线、电杆等障碍物。作业区块及周边应有适合农业无人机起落的场地和飞行航线。国家有规定的禁飞区域禁止飞行。

（2）操控人员的要求。操控人员必须获得相关机构的培训证书。操控人员不能在酒后及身体不适的状态下操控无人机，对农药有过敏情况者不能操控无人机。

（3）农药要求。根据作物要求，选择符合相关标准规定，适合农业植保无人机要求的高效低毒农药。

（4）气象条件。作业前应查询作业区块的气象信息，包括温度、湿度、风向、风速等气象信息。雷雨天气禁止作业。风力大于3级或室外温度超过30℃禁止作业。

（5）确定作业方案。根据作业区地理情况，设置农业植保无人机的飞行高度、速度、喷幅宽度、喷雾流量等参数。根据作业区作物及病虫害情况、农药使用说明或咨询当地农业植保部门，确定药品、药量及配药标准。制定突发情况的处理预案，确定农业植保无人机如发生故障的紧急迫降点（必须远离人群）。

（6）设备准备。农业植保无人机必须按标准生产，有企业的产品合格证。根据使用说明书要求检查农业植保无人机的完整性及辅助设备是否齐全。操控人员做好无人机的各项检查，确保农业植保无人机处于正常状态，严禁农业植保无人机带病作业。检查电池电量或燃料量及飞行信号灯状态。调试对讲机、检查辅助人员在作业区最远处通信是否正常，确保操控人员作业时沟通顺畅。操控人员对农业植保无人机进行不喷农药的模拟飞行，模拟飞行正常后，才可以进行作业飞行。

2. 农业植保无人机安全作业注意事项

（1）使用的农业植保无人机必须符合中国民用航空局飞行标准司发布的《轻小无人机运行规定（试行）》的相关规定。

（2）飞行范围应严格按照作业方案执行，飞行距离控制在视距范围内，同时了解作业地周围的设施及空中管制的要求。

（3）飞行应远离人群，作业地有其他人员作业时严禁操控运行。

（4）起降飞行应远离障碍物 5 m 以上，平行飞行应远离障碍物 10 m 以上，并作相应减速飞行。

（5）操控人员应佩戴口罩、安全帽、防眩光眼镜、身穿反光工作服并严禁穿拖鞋，且在上风处和背对阳光操作。操控人员应与农业植保机保持 5 m 以上安全距离；作业过程中操控人员应关闭手机及其他有电磁干扰设备。

（6）操控人员使用对讲机通话必须简洁、明确，并且重复两次以上。

（7）维护保养时，必须切断动力电源，避免意外启动，防止发生事故。

三、方法筹划

借助行业规范与技术标准、说明书、正确使用工具箱中的各个工具。

任务实施

步骤一：
步骤二：
步骤三：
步骤四：
步骤五：
步骤六：
步骤七：

任务评价

根据学生对植保机械的认识程度及任务报告的完成情况进行考核评价。

植保机械考核评价细则表

班级:______________ 组别:______________ 姓名:______________

<table>
<tr><td colspan="2">姓名:
自评:
(合格 不合格)</td><td colspan="2">班级:
互评:
(合格 不合格)</td><td colspan="2">学号:
师评:
(合格 不合格)</td><td rowspan="2">教师
签字:</td></tr>
<tr><td colspan="2">日期:</td><td colspan="2">日期:</td><td colspan="2">日期:</td></tr>
<tr><td colspan="7">考核评分细则</td></tr>
<tr><td>序号</td><td>考核项目</td><td>考核标准</td><td>考核方式</td><td>分值</td><td>评分要求</td><td>得分</td></tr>
<tr><td>1</td><td>机具技术状态的检查</td><td>①检查机具零部件
②检查动力机的润滑油面
③检查压力表以及安全阀
④观察机具运转情况</td><td rowspan="5">现场考核、提问考核</td><td>10</td><td>未完成扣 10 分</td><td></td></tr>
<tr><td>2</td><td>喷头的选择与配置</td><td>①喷头数的确定
②喷头的配置方式</td><td>10</td><td>未完成 10 分</td><td></td></tr>
<tr><td>3</td><td>机具的试喷</td><td>①药箱内加满水进行试喷
②检查喷射部件的雾化情况
③观察各连接处有无漏液、漏气现象
④调整、紧固</td><td>20</td><td>未完成一项扣 5 分</td><td></td></tr>
<tr><td>4</td><td>农业植保无人机的使用—作业前准备</td><td>①作业区块要求
②操控人员的要求
③农药要求
④气象条件
⑤确定作业方案
⑥设备准备</td><td>10</td><td>未完成扣 10 分</td><td></td></tr>
<tr><td>5</td><td>农业植保无人机的使用—植保无人机的检查</td><td>①植保无人机的机身
②和药液直接接触的喷洒系统
③植保无人机动力系统保养
④能电池配备专门智能平衡充电器</td><td>10</td><td>未完成 10 分</td><td></td></tr>
</table>

（续表）

考核评分细则						
序号	**考核项目**	**考核标准**	**考核方式**	**分值**	**评分要求**	**得分**
6	使用与安全技术	①小区施药对比试验 ②操作人员要身体健康 ③操作人员必须穿戴防护用具 ④作业结束后，清除药箱		20	未完成一项扣5分	
7	任务报告	①完成认真，内容正确 ②喷雾机的使用及保养维护 ③工作过程正确	评阅考核	10	根据情况酌情扣分	
8	学习态度	①具有团队协作精神 ②具备科学严谨的态度 ③观察认真，发言积极 ④遵纪守时，爱护公物	自评、互评和师评相结合	10	根据情况酌情扣分	
合计						
自我评价与总结						
教师点评						

项目检测

请扫描右侧二维码答题。

（上）

（下）

参考文献

北京林学院，1979. 森林昆虫学［M］. 北京：中国林业出版社.

北京农业大学，1980. 昆虫学通论［M］. 北京：农业出版社.

彩万志，庞雄飞，花保祯，等，2011. 普通昆虫学［M］. 北京：中国农业大学出版社.

陈啸寅，马成云，2008. 植物保护［M］.2 版. 北京：中国农业出版社.

富象乾，常秉文，1985. 中国北部天然草原有毒植物综述［J］. 中国草原与牧草（03）：18–24.

韩召军，2001. 植物保护通论［M］. 北京：高等教育出版社.

何振昌，1997. 中国北方农业害虫原色图鉴［M］. 沈阳：辽宁科学技术出版社.

江世宏，1993. 昆虫标本名录［M］. 北京：北京农业大学出版社.

李涛，张圣喜，2009. 植物保护技术. 北京：化学工业大学出版社.

李彦忠，南志标，2015. 牧草病害诊断调查与损失评定方法［M］. 南京：江苏凤凰科学技术出版社.

刘爱萍，2005. 草地病虫害及防治［M］. 北京：中国农业科学技术出版社.

刘荣堂，武晓东，2009. 草地保护学实验实习指导［M］. 北京：中国农业出版社.

刘长仲，姚拓，2022. 草地保护学［M］. 北京：中国农业大学出版社.

刘宗亮，2009. 农业昆虫［M］. 北京：化学工业出版社.

田志伟，薛新宇，李林，等，2019. 植保无人机施药技术研究现状与展望［J］. 中国农机化学报，40（01）：37–45.

王宏，张士平，金伟，2006. 东亚飞蝗发生规律及治理策略［J］. 河南农业科学（6）：69–70.

魏学红，马素洁，2020. 啮齿动物实验实习指导［M］. 北京：中国农业大学出版社.

于红妍，2020. 生物药剂防控草地虫害对地上生物量的影响［J］. 青海草业季刊，4：9–11.

张荞荞，陈德炜，周俗，等，2023.4 种生物药剂对川西北高原鼠兔短期防治效果试验研究报告［J］. 四川林业科技，44（4）：68–73.

郑进，孙丹萍，2003. 园林植物病虫害防治［M］. 北京：中国科学技术出版社.